08

彩 图
新 知

SHOES:
The Meaning of Style

鞋

款式的意义

［加］伊丽莎白·塞梅尔哈克　著

岳玉庆 楚晓琦　译

生活·讀書·新知 三联书店

图书在版编目（CIP）数据

鞋：款式的意义 /（加）伊丽莎白·塞梅尔哈克著；岳玉庆，
楚晓琦译. —北京：生活·读书·新知三联书店，2022.7
（彩图新知）
ISBN 978 - 7 - 108 - 07365 - 5

Ⅰ.①鞋… Ⅱ.①伊… ②岳… ③楚… Ⅲ.①鞋－普及读物
Ⅳ.① TS943.7-49

中国版本图书馆 CIP 数据核字（2022）第 037915 号

责任编辑　徐国强
装帧设计　刘　洋
责任校对　常高峰
责任印制　宋　家
出版发行　生活·讀書·新知 三联书店
　　　　　（北京市东城区美术馆东街 22 号 100010）
网　　址　www.sdxjpc.com
图　　字　01-2018-4522
经　　销　新华书店
印　　刷　天津图文方嘉印刷有限公司
版　　次　2022 年 7 月北京第 1 版
　　　　　2022 年 7 月北京第 1 次印刷
开　　本　720 毫米 × 1000 毫米　1/16　印张 21.5
字　　数　250 千字　图 174 幅
印　　数　0,001 - 5,000 册
定　　价　138.00 元
（印装查询：01064002715；邮购查询：01084010542）

出版缘起

近几十年来，各领域的新发现、新探索和新成果层出不穷，并以前所未有的深度和广度影响着人类的社会生活。介绍新知识，启发新思考，一直是三联书店的传统，也是三联店名的题中应有之义。

自 1986 年恢复独立建制起，我们便以"新知文库"的名义，出版过一批译介西方现代人文社科知识的图书，十余年间出版近百种，在当时的文化热潮中产生了较大影响。2006 年起，我们接续这一传统，推出了新版"新知文库"，译介内容更进一步涵盖了医学、生物、天文、物理、军事、艺术等众多领域，崭新的面貌受到了广大读者的欢迎，十余年间又已出版近百种。

这版"新知文库"既非传统的社科理论集萃，也不同于后起的科学类丛书，它更注重新知识、冷知识与跨学科的融合，更注重趣味性、可读性与视野的前瞻性。当然，我们也希望读者能通过知识的演进领悟其理性精神，通过问题的索解学习其治学门径。

今天我们筹划推出其子丛书"彩图新知"，内容拟秉承过去一贯的选材标准，但以图文并茂的形式奉献给读者。在理性探索之外，更突显美育功能，希望读者能在视觉盛宴中获取新知，开阔视野，启迪思维，激发好奇心和想象力。

"彩图新知"丛书将陆续刊行，诚望专家与读者继续支持。

生活·讀書·新知 三联书店

2017 年 9 月

目录

引 言

LE CHOIX DIFFICILE

SOULIERS, DE PÉRUGIA

Modèles déposés. Reproduction interdite.

鞋子是什么？答案似乎显而易见：鞋子是穿在脚上保护脚并且方便走路的东西。然而，大多数鞋子的功能远远超出了实用的范畴，其设计和使用往往取决于社会需要，而并非身体需要。比方说，翼尖牛津鞋（wing-tip oxford）和"实用耐穿"高跟鞋。人们认为这两种鞋子都是得体的商务鞋，有时甚至不可或缺，但是其设计与商业环境中的身体需要毫不相干。甚至，有人可能会说，在办公室穿高跟鞋既不舒服，也不方便走动。而且，尽管这两种鞋子都被视为得体的商务着装，但是它们很难互换。一个典型的男银行家，不能第一天穿牛津鞋，第二天便改穿高跟鞋。他的选择不是基于生理需要，而是基于鞋子所蕴含的社会意义——这些意义根深蒂固，即使其他服装没换，只是选择了"不合适"的鞋子，他也会受到批评。高跟鞋可能会让他沦为最大的笑柄，但是即使他选择穿露脚的凉鞋、结实的靴子，甚至近些年出现的象征身份的运动鞋，也同样会被很多人认为不得体。只是更换了鞋子，怎么会产生这么大的影响呢？在构建社会身份的过程中，鞋子能发挥如此重要的作用，缘自何时呢？某些类型的鞋子或者具体的鞋子品牌，是如何开始体现包括所有生活方式和信仰体系在内的社会观念的呢？我们是如何渐渐染上目前这种"鞋瘾"，赋予了鞋子如此多的社会意义和经济意义呢？

这是书中将要解决的部分问题。本书对鞋子的作用的探讨，远远超出其对脚部的保护作用。本书不涉及类型学研究，不进行制造技术研究，也不列举不断变换的鞋子风格。它从文化、历史、经济和社会身份构建等方面探讨鞋子的重要性和象征意义。它将特别考察一些鞋子如何被用来保护权力结构、延续文化价值，而另一些鞋子又是如何被用来抗议流行的文化规范，哪怕鞋子同时也是消费资本主义的一种毫不掩饰的产品。

（左图）这是一则 20 世纪 20 年代的安德烈·佩鲁贾（André Perugia）鞋子广告。它形象地刻画了买鞋者难以抉择的画面。让·格朗吉耶（Jean Grangier），《难以抉择》，《高尚品位杂志》（La Gazette du Bon Ton）。法国，1924—1925 年

鞋子在体现性别、表示忠诚、揭示地位和表达反抗等方面都至关重要，而且历史上也一直如此。随着时间的推移，千差万别的风格都被赋予了意义，这些意义日渐规范，显而易见。因此，这些风格就是传达意义的无声语言，既可以体现广泛的社会联盟，也可以更加微妙地表达个性。目前，鞋子文化的重要性是工业化的直接产物，而且鞋子种类之多史无前例，价格也各不相同，使得更多消费者有机会通过选择鞋子表达日益微妙的社会身份。

的确，目前鞋子的款式多种多样，令人惊叹。在撰写本书时，笔者快速浏览了一下诺德斯特罗姆（Nordstrom）网站，它只是众多北美零售商之一，结果发现有超过15000种不同型号的鞋子可供选择。这些出售中的鞋子大体上分为男鞋、女鞋和童鞋三大类，还按样式进一步细分。销售商认为普通购物者能够轻松看懂这些分组，或者说对这些不同风格的含义了如指掌。如果在诺德斯特罗姆找不到想要的鞋，那么还有成千上万的其他商店，既有实体店，也有网店，都在不断推出诱人的新款式吸引消费者的注意。那些喜欢更独特产品的消费者，可以去二手零售商、古董店和拍卖网站购买过去的各种鞋子。

当代消费者可以买到受鞋子启发的各种商品。新奇的家居用品，如鞋形圣诞节装饰物和带人字拖图案的开胃菜托盘，与受运动鞋启发的钥匙链和带有高跟鞋图案的手提袋，都在争奇斗艳，竞相吸引消费者的关注。除了购买鞋子及相关物品，人们也开始越来越多地消费有关鞋子的信息。互联网上充斥着以鞋子为主题的网站和博客，其中"品趣思"（Pinterest）论坛以及"照片墙"（Instagram）和"脸书"（Facebook）专门发布鞋子图片的页面便是如此。人们在网上张贴各种鞋子"写真"，阅读关于鞋子的书籍，参观以鞋子为主题的博物馆展览，排队等待著名设计师签名。

目前，鞋子的文化重要性不仅是鞋子品种和供应量不断增加的结果，还与许多其他服饰配件的丧失有关，这些配件在传统上用于确立性别和阶级身份。例如，男人和女人都戴了数百年的帽子，到了20世纪中叶却不再流行。面对这样的损失，人们在更广泛的社会和亚文化群中促进群体认同的同时，更加依靠鞋子来建立和传递男人和女人、成人和儿童、穷人和富人之间的差异。

人们利用批量生产的鞋子和跨国品牌作为一种精心表达自我的手段，看似更加自我矛盾。今天，人们越来越重视个性，促进了鞋子的消费，因此许多人的橱柜里都摆放着各种鞋子，穿上可以彰显多重社会身份。现在，职场自我、休闲自我、庆典自我、运动自我和叛逆自我都可以通过不同类型的鞋子来表达。

鞋子的重要性不断提升，引发了大量的复杂问题。然而，限于本书篇幅，有必要限定一个范围。为此，本书将重点探讨20世纪和21世纪西方社会表达社会身份的四种主要鞋子类型：凉鞋、靴子、高跟鞋和运动鞋。这四大类别的鞋子在时间上具有共时性，却提供了惊人的独特见解，每一种类别都说明了更大的历史、社会和文化问题。

第一章从18世纪末凉鞋在西方重新流行开始写起，这时距离凉鞋在罗马帝国末期遭到遗弃已经过了数个世纪。自从凉鞋重新进入西方时尚那一刻起，那些试图突破可接受界限的人便往往脚穿凉鞋，他们中最古怪的人常常宣扬凉鞋与来自异国他乡的"他者"存在联系，如19世纪中叶英国"极简生活者"所穿的受印度人启发的凉鞋，或者20世纪中叶嬉皮士所穿的黎凡特"耶稣"凉鞋。凉鞋也会周期性地被高端时尚所接受，在这种场合穿凉鞋的作用似乎与政治化无关。众所周知的"生"（raw）与"熟"（cooked）之间的对立，使凉鞋成为休闲娱乐、优雅精致的鞋子，同时也是个人怪癖和激进政治的鞋子。凉鞋在性别化的公开裸露中的地位也是本章的一个重要主题。

第二章探讨了靴子与权力、支配、阳刚和统一四种观念之间的关系。在19世纪下半叶之前，靴子是男人的专属用品，长期以来一直用于活动、狩猎和战争。到19世纪后期，工业化和随之而来的城市化削弱了靴子作为许多男人日用着装中时尚用品的重要性。然而，靴子对19世纪的帝国建设仍然至关重要，尤其是在美国西部，牛仔靴仍然让人联想到不屈不挠的个人主义。靴子虽然在许多男人的着装中失去了位置，但是却成了重要的女性时尚服饰，到19世纪末，女靴越来越性感，本章将对此进行探讨。到20世纪中叶，那些试图通过选择鞋子表达群体凝聚力的人开始穿靴子，包括摩托帮和光头仔等许多亚文化群体。自20世纪下半叶开始，靴子更多地成为服装元素，被时尚所接纳，并以多种方式融入主流服装。

第三章考察了高跟鞋在西亚的起源，发现高跟鞋最初是西亚男子骑马穿的。本章探讨了 17 世纪西方时尚对高跟鞋的吸纳和改造，分析了高跟鞋如何成为轻浮但是善于操控和超级性感的女性的标志。高跟鞋与已知女性非理性的关系及其在从女性选举权直到今天的性别政治中的不稳定作用，构成本章的一个中心主题，而高跟鞋与情色的关系及其在色情作品中的使用则是另一个中心主题。接下来，本章探讨了高跟鞋在女性服装中日益重要的地位，以及崇拜名人高跟鞋设计师天赋的发展过程。此外，本章还考察了男人穿高跟鞋在西方引发的典型不适感的原因，以及与达尔文主义和优生学中理想化男性气概概念之间的关系。

第四章首先考察了运动鞋的发展历程，从 19 世纪中叶登场亮相成为地位的象征开始，一直到运动鞋文化的兴起。运动鞋的兴起，与新技术的出现、男子气概观念的转变以及阶级、地位和特权的表达息息相关。针对 19 世纪运动鞋的日益流行，本章接下来探讨了强身派基督教运动（Muscular Christianity Movement）和体育的重要性所起的推动作用，分析了优生学和法西斯主义对 20 世纪 30 年代运动鞋大众化的影响。运动鞋在"二战"后的婴儿潮中丧失了地位，在"唯我"一代作为地位的象征东山再起，到 20 世纪 70 年代运动鞋文化出现，这些都是本章的关键部分。本章还探讨了通过男性时尚的"运动鞋化"让男性融入时尚经济的过程，分析了在男子气概的典型概念与男性日益参与时尚消费之间试图保持平衡所遇到的挑战。在传统上，人们认为时尚消费才是女性所关注的东西。

最后，结论部分探讨了工业化这一重要驱动因素在鞋子衍生更多意义过程中的作用。充斥 21 世纪市场的鞋子及其相关物品的数量不断增加，这使得描述鞋类风格的词汇成为构建社会身份的重要内容。鞋子生产的历史已经从长期的定制传统，过渡到了制作工艺的去专业化和机械化。今天，自动化制造和 3D 打印既带来了机遇，也带来了挑战。本章还对后工业时代鞋子生产的未来提出了一些问题。此外，还讨论了鞋子生产过剩的影响以及在后匮乏市场如何激发顾客的购买欲，其中包括众多无名劳动者的产品是如何引发对指定设计师的名人狂热的。

　　在上述几章，我们将详细阐述这四种类型的鞋子数十年来随着意义不断变化，在更广的意识形态和更多的个人身份中所扮演的经常矛盾的角色。然而，本书的目的不只是简单讲述每种鞋子的有趣历史，而是阐明我们选择鞋子的原因，阐明我们的选择想表达什么意义。

第一章

凉鞋：特立独行

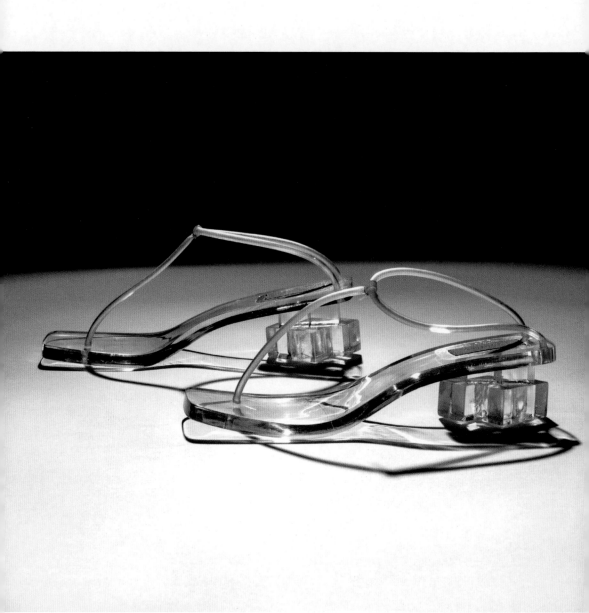

这双 I. Miller 牌凉鞋，既仿古，也很新潮。简单的袢带可以追溯到古代，使用透明材料则代表时尚前沿。美国，1965—1969 年

啊，棕色的赤脚小凉鞋如此安闲，

你是否渴望能够漫步在小山，

沿着那条花园的路飞速冲下，

在风中与伙伴们一起玩耍——

没有翅膀，你在冷寂中等待是否厌倦？

——玛丽·怀特·斯莱特（Mary White Slater），《赤脚凉鞋》，1917 年

凉鞋迷住了他的眼，

美貌俘获了他的心，

剑刺穿了他的脖子！

——《犹滴传》第 16 章第 9 节

鞋子的类型可谓千差万别，但是凉鞋或许最不可名状。凉鞋的意义和形式都在不断变化。脚穿凉鞋的有神话英雄、圣人以及西方人眼中具有异国情调的"他者"。凉鞋也是人们在夏天、休闲和玩乐时穿的鞋子。人们可以穿着拖鞋走红地毯，但是也可以用来表达对政治的不满。多年来，凉鞋的界定也发生了巨大变化。在 19 世纪，在腿上扎着丝带的鞋被称为凉鞋，但是到 20 世纪早期，盖住脚的鞋面带有小孔，是人们识别凉鞋的标志。目前，凉鞋可以像人字拖一样简单，也可以像带有系带的细高跟鞋一样复杂，只要脚的大部分裸露即可。

简单的凉鞋由平底和系带组成，是最早的鞋子之一。[1] 图坦卡蒙（Tutankhamun）的墓中放有这样的凉鞋，用皮革和植物纤维精心编织而成，上面装饰着贵重金属和奇石制成的珠子。[2] 系上或者解开凉鞋鞋带是古希腊情色图像的一部分。众所周知，女神阿佛洛狄特（Aphrodite）就利用凉鞋抵御潘神的侵犯。以色列女英雄犹滴（Judith）所穿的凉鞋吸引了亚述大将荷罗孚

尼（Holofernes）的目光，她的美貌让他意乱情迷，结果犹滴趁机把他一剑封喉。

希腊和罗马的凉鞋，复杂程度各不相同，既有相对简单的夹趾凉鞋，也有凉靴，凉靴往往有精致的装饰和复杂的绊带。在罗马文化中，凉鞋只是众多类型的鞋子之一，而且穿凉鞋是由复杂的着装规范所决定的。考古学家在莱茵河发掘出了一艘公元 201 年左右的运粮船，发现船上的每个船员都至少有两双鞋，其中一双是凉鞋，这表明每种鞋子都有不同的功能。[3]

尽管在遥远的罗马帝国穿凉鞋者比比皆是，但是在罗马帝国崩溃后，凉鞋在整个欧洲都备受冷落，直到 1000 年后，也就是 19 世纪初，凉鞋才作为一种时尚重新登场。尽管在这漫长的岁月中没有人穿凉鞋，但是凉鞋并没有被

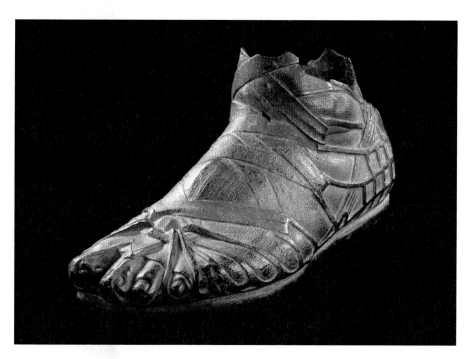

（上图）这尊古罗马青铜雕塑是一只穿凉鞋的脚，准确表达了许多罗马凉鞋的复杂性。罗马，公元 1 世纪

（左图）这些高雅的古埃及凉鞋的简单设计一直沿用至今。古埃及，公元前 332 年

在 18 世纪，女性所穿的所谓"凉鞋"都是完整的鞋子，只是上面装饰着凉鞋袢带。英国，1790—1795 年

遗忘。教堂里到处都是穿着凉鞋的圣经人物画像；古典雕塑的脚都穿着凉鞋；欧洲人到世界各地进行航海贸易时，开始注意到域外"他者"穿着各种各样的凉鞋。的确，虽然凉鞋在西方可能不是日常穿着，但凉鞋的图像随处可见，在欧洲人的想象中占据一席之地，它时而神圣，时而仿古，时而谦卑，时而充满异域风情。很少有人敢穿凉鞋，但是那些敢穿凉鞋者，比如某些天主教会的成员，穿凉鞋是为了表明自己拒绝世俗。甚至在今天，一些凉鞋还保留着这样一种含义，说明仍然与激进分子有关联。

　　大约在 19 世纪初，凉鞋重新进入女性时尚，这也是人们对所有古典事物更感兴趣的一个方面。18 世纪对古罗马赫库兰尼姆（Herculaneum）和庞贝（Pompeii）古城的发现和考古发掘，以及对希腊理性主义愈来愈浓的政治和哲学兴趣，一起孕育了新古典主义。到 18 世纪末，对希腊民主和古代时尚的热情标志着一种世界新秩序。作为自由的革命化身，法国的化身玛丽安（Marianne）和美国的化身哥伦比亚（Columbia）都被打扮成古典的自由女神，

这种大胆的凉鞋，出现在世纪之交。意大利女演员克拉拉·诺韦洛（Clara Novello）曾经穿过。凉鞋会露出脚趾，但是粉色缎子衬里会遮住脚的大部分。意大利，1795—1805 年

穿着经典的长袍，而且如果她们的脚上穿着鞋子，那也肯定是凉鞋。尽管如此，在 18 世纪末女性时尚中，那些受凉鞋启发的鞋子与古代的凉鞋几乎没有任何关系。相反，18 世纪 90 年代流行的"凉鞋"实际上是完全遮住脚的低跟鞋。唯一能判断这种鞋子是"凉鞋"的依据是鞋面上的装饰性贴花，它能让人联想到凉鞋祥带。然而，到 18 世纪末的法国督政府（French Directory）时期，少数大胆的法国女性才敢于穿上真正的凉鞋，露出脚趾。

这些奇妙女子（Merveilleuses），穿着令人震惊的透明长袍和希腊式露脚凉鞋。这是一种时尚，还有她们的男同伴——奇特男子（Incroyables）——所穿的奇装异服，面对残酷的恐怖统治，如此设计就是公然反抗法国革命政治。当时，法国革命政治试图控制包括着装在内的所有行为。

泰雷扎·塔利安（Thérésa Tallien）便是上述奇妙女子之一，她是一位有影响的社会人物。据报道，她穿着凉鞋，用带子系着腿，露出赤裸的双脚，脚上饰有镶满珠宝的脚趾环。尽管这种风格被认为带有政治意图，但是大多

EVENING DRESS.

Engraved for Nᵒ 4. New Series of La Belle Assemblee, Feb 1ˢᵗ 1813.

数穿这种鞋子的人都被批评过于关注时尚而非政治。《文学杂志和美国纪事》在 1804 年指出：

> 根据外表来判断这些美貌女郎的政治信条，不知情者往往会误入歧途。他也许会很自然地断定她们是共和党人，因为她们通常都穿雅典人的服装，但是她们丝毫不像雅典人那样淳朴简单。她们的手臂几乎裸露到肩膀；她们的胸膛，在很大程度上是裸露的；她们的脚踝扎着窄窄的带子，像凉鞋的扣带……[4]

到了 19 世纪初，这种极端风格已经过时，虽然一种古风继续影响着时尚界，但是女鞋的风格已经不再那么令人震惊，女性也不敢露出脚趾。[5] 大多数女性选择更为端庄的遮脚鞋，而且只推荐一种"凉鞋"，在脚踝或小腿上系上丝带等作为装饰。1810 年《爱尔兰杂志》上的一篇报道描述了这一时期的典型鞋子：

> 古希腊式凉鞋，呈半靴状，可凸显蕾丝边长袜，材质为白色、蓝色或浅粉色小山羊皮，束以银饰花边，在巴斯（Bath）备受赞誉；精巧的设计，愈发为玉足锦上添花。[6]

有关凉鞋的种种观点对女鞋时尚产生了影响，但是在男装中却完全看不到凉鞋。拿破仑（Napoleon）可能在加冕礼上穿过受凉鞋启发的鞋子，但他显然是个例外。他并非引领潮流之人，至少在凉鞋方面是如此。

随着 19 世纪的推移，女性时尚继续接纳参考过凉鞋制作的鞋子，而最受欢迎的是一款脚踝或腿上系着丝带的薄缎凉拖。1807 年有一篇题为《伦敦鞋

（左图）这幅时装插图中的一切，包括发型、礼服和系带凉鞋，都反映出新古典主义对 19 世纪早期女性时尚的影响。英国，1813 年

匠》的幽默文章，不仅提到一些女鞋易损坏程度甚至到了可笑的地步，而且还揭示了 19 世纪早期鞋匠日益重要的地位。文中说的这位制鞋名匠"时尚优雅，品位超凡"。出自他手的一双鞋子"6 点钟送达，8 点钟有人欣赏，9 点钟穿上，一直穿到上床就寝，但是一大早女仆就把它放在了一边"。主人早晨起床看到自己的鞋子已经破损，大为震惊，便让人叫来了鞋匠：

> "不可能吧——啊，天啊！……您穿了多久了？"
>
> "我就穿着走了两小时。"
>
> "穿着走，太太，走路了。这么看来，也不奇怪了。嗨，太太，这双鞋子只能穿，不能走路。"[7]

　　的确，在 19 世纪早期，许多妇女所穿的鞋子很容易破，显然不是为了高强度耐磨而设计的。真正的目的是反映女性开始萌动的新理想。当时，妇女的定位是家庭情感和精神生活的中心，不能参与到更大的政治世界中去。18 世纪卢梭关于女性多愁善感和童年重要性的思想，与重塑的新教徒理想融合在了一起，后者赋予家庭中母亲的角色以特权，而母亲身份终于被视为一种基本的女性特质。

　　这种特质将所有女性联合起来，超越了社会经济壁垒，甚至还超越了种族壁垒。这种后来所说的"家庭崇拜"认为，妇女的定位是家庭。试图超越这些限制通常会遭到谴责或嘲笑，批评家往往会利用当时流行的精致鞋子，嘲笑那些敢于踏入公共领域的女性：

> 　　每年此时，街道潮湿泥泞，看到女士们几乎千篇一律都穿着薄薄的鞋子到处走动，我感到既惊讶又开心。这种优雅的鞋子很好地展示了踝

　　（右图）19 世纪上半叶流行的精致平底鞋，反映出新文化对女性与家庭生活关系的强调。这双梅尔诺特（Melnotte）鞋子让人想起芭蕾舞鞋。法国，19 世纪上半叶

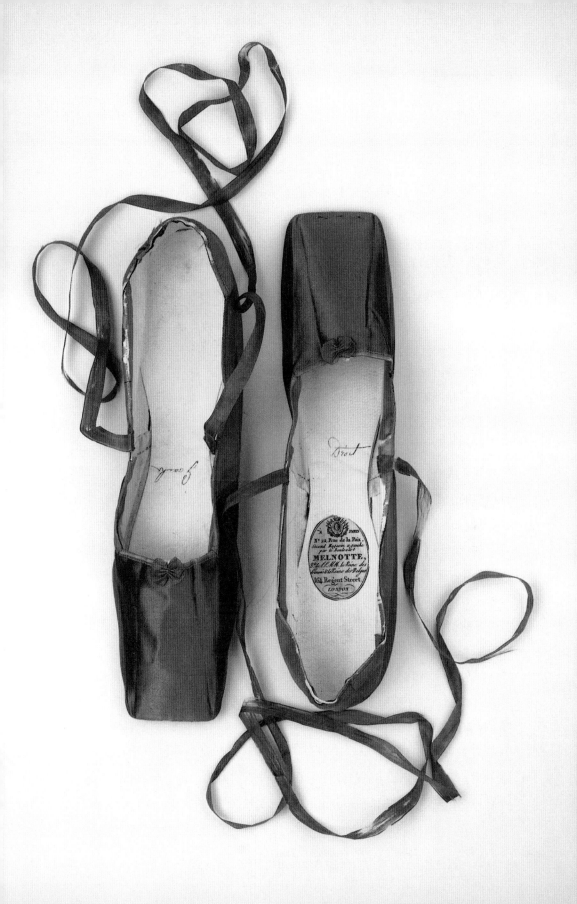

关节的形态，但是对外科医生而言，它还有一种优点：我看到纤纤玉足，踏在泥土上，仅仅隔着一层薄薄的纸。我看到精致的脚背，只是罩着一层网。我思考寒冷和潮湿对身体的影响；我想到了黏膜炎、咳嗽、胸膜炎、肺炎、痨病和其他有趣的疾病，这些必然是由寒湿作用于脚上引起的。然后，我计算出药片、药丸、药粉、药水、合剂、水蛭和发疱剂的数量。漂亮的病人将会服下这些药物，接受这些疗法，我计算出它们的总价，看到一笔钱已经落入囊中，心中不禁窃喜。[8]

如果说只是偶尔在泥泞小路上行走的特权女性是人们嘲笑的焦点，那么在公共领域出现的劳动阶级女性则往往既遭到鄙视也受到怀疑。据推测，她们去那里是经济所迫，但是她们的脚根本不适合穿丝绸凉拖。劳动阶级的鞋子通常是耐磨的短靴，由更耐用的皮革或纺织品制成。

芭蕾是少数需要穿时尚凉鞋的职业之一。芭蕾舞原是与法国宫廷有关的一项娱乐活动，到了19世纪却让资产阶级如醉如痴，年轻的芭蕾舞者成了男性欲望的焦点。女人娇小可爱的脚，穿上丝绸凉鞋，便沦为了色情化的目标：

> 女士的鞋子，配上交叉的凉鞋丝带，丝带在脚背和脚踝处微微弯曲。这种鞋子看起来要比老姑娘穿的贵格会式的普通鞋子好得多……如果女人知道这些纤细的丝带会让她们更加迷人……她们就绝不会再穿没有丝带的鞋子。[9]

芭蕾舞女注意到了这一建议。这种凉拖是跳舞的绝佳选择：丝带把拖鞋固定在脚上，丝绸鞋面质地柔软，鞋子动起来灵活自如。当时流行的女鞋叫直脚鞋（straights），不分左右脚，赋予了脚一种对称美，非常适合跳芭蕾舞。19世纪初兴起的这种直脚鞋，部分源于时尚，部分源于工业化。几个世纪以来，制鞋商一直在生产区分左右脚的鞋子，但是直脚鞋更经济，每双鞋只需要一个鞋楦，不需要为左脚和右脚分别制作，这是最初加快生产的方法之一。最终，

　　玛丽·塔廖尼（Marie Taglioni）是最早跳足尖舞的女性之一。她对时髦的"凉鞋"尖头边缘
进行补缀，这样跳舞会更稳定。A. E. 沙隆（A. E. Chalon）和 R. J. 拉内（R. J. Lane），《塔廖尼小姐》，
1831 年，石版画

随着制造业的发展，单独制作左脚鞋和右脚鞋更为容易，于是直脚鞋在时尚界遭到抛弃，但是直到今天，芭蕾舞者仍然在穿直脚鞋。

19世纪30年代和40年代的浪漫芭蕾舞剧需要一种虚无缥缈的气氛，因此要求芭蕾舞女打扮得超凡脱俗。于是，人们发明了足尖舞。尽管一些男舞蹈演员在18世纪晚期大胆地踮起脚尖跳舞，但是人们普遍认为玛丽·塔廖尼是第一位跳足尖舞的芭蕾舞演员。1832年，她在父亲编排的芭蕾舞剧《仙女》（*La Sylphide*）中首次表演足尖舞。为了表演这些极具挑战性的舞步，塔廖尼对鞋尖边缘进行补缀，方便用脚尖站立，持续时间很短，却让观众非常激动。这样，她的拖鞋就成了最初的足尖鞋。[10]

虽然登台亮相并非许多"体面"女性的追求，但是工业时代为女性提供了更多社会认可的参加活动的机会，于是去海边逗留便成为一种时尚。长期以来，参观海滩等休闲活动一直是特权阶层的专属，19世纪新富阶层追求类似的娱乐活动，其原因与消遣和地位有关。19世纪30年代发明了铁路，越来越多的人可以轻松地前往度假小镇。因为度假，妇女和女孩都需要新服饰，其中就包括浴衣和浴鞋。1876年，一位作家写道："要去洗澡，谁都觉得应该穿鞋子，这些鞋子都是用颜色亮丽的鞋带系着的。"他的观点反映了悠久的文化要求，即女性不能裸露身体。[11]人们鼓励女性去海滩玩耍，但是保持端庄是至关重要的，女性所穿的"凉鞋"和她们在本世纪早些时候穿的凉鞋仍然很相似，都是包趾鞋，仅靠鞋带就能让人联想到古典凉鞋。女性的泳衣几乎遮住每一寸肌肤，羊毛浴袜和棉浴"凉鞋"完全遮住了腿脚。即使采取了这些预防措施，一些海滩还是把男女分开。更衣车也很受欢迎，女性可以在里面悄悄更衣，然后直接入水。面对这样一种文化环境，女性的脚趾绝不可能裸露。

与此相反，男性却可以在海滩上炫耀赤脚，不过泳衣是必须要穿的。穿戴整齐时，他们必须把脚藏在鞋里。露趾凉鞋是不可想象的。唯一可以穿凉鞋风格鞋子的男性是职业大力士或者练体育的人，体育是始于19世纪的一种健身和力量训练运动。在明信片和海报上，男人穿着让人联想到古典时代的服装，展示自己的体格；这些服装就包括系带鞋。人们都鼓励当时的孩子，

在 19 世纪末，欧根·桑多（Eugen Sandow）被认为是男性阳刚的典范。他经常几乎就穿一双经典凉鞋来炫耀自己的身材。拿破仑·萨罗尼（Napoleon Sarony），《桑多》，1893 年第 9 幅

无论男孩还是女孩，穿类似妇女所穿的"凉鞋"，防止踩到沙里面的玻璃或其他尖锐物体而造成损伤，然而当时的图像提供了充分的证据，证明孩子并未穿任何鞋子，因为他们很喜欢脚趾之间的沙子。服装的确带来了一些不便，但是去海滩游玩成了 19 世纪最受欢迎的消遣方式，而洗浴凉鞋的流行则在凉鞋和玩耍之间建立起了一种文化联系。

　　19 世纪的特权阶层并不仅仅把去海边当作逃避日常生活的唯一法宝。许多人还到国外进行冒险之旅。在有些遥远的国度，凉鞋是当地服饰的一大特色，因此甚至那些居家不出的人，也如饥似渴地阅读有关书籍。报纸报道和杂志文章会描述远方的人所穿的衣服，也会经常提到鞋子。于是，来自异国他乡的凉鞋便成了异域和"原始"的代名词。穿时尚凉鞋，把丝带或鞋带向上扎到腿上，让人联想到优雅与成熟，而来自其他文化的凉鞋，正如一位记者所言，并非"穿法式高跟鞋的文明白种女性"的鞋子，而是"赖德·哈格德（Ryder

这张立体照片展示了当时典型的泳装，其中便有系带"凉鞋"。《海滨度假运动》，施特罗迈尔和怀曼出版社，19世纪90年代

Haggard）宣称存在于非洲中部地区的黑色美女，［或］许多印度帝国王公钟爱的棕色美女"[12]的流行时尚。在19世纪殖民主义扩张的巅峰时期，那些遥远国度穿凉鞋的"他者"给西方的想象力留下了深刻印象。流行的东方学者绘画和日本版画，让人联想到在有些地方人们裸露着双脚、只穿简单至极的鞋子。19世纪中叶英属印度帝国在印度建立，于是所有印度的东西在宗主国开始受到特别关注，而凉鞋被重新接纳为英国服装便是受印度凉鞋的启发。

随着世界的开放，欧洲和美国的一些人开始饶有兴趣、满怀好奇地看待来自其他文化的传统和教义。域外"他者"似乎掌握着健康和安宁的秘密。这些西方崇拜者相信，现代社会的工业化、城市化，尤其是"过度文明"，已经使人类远离了自然元素，对身心都造成了伤害。在美国，将东方唯心论与美国清教主义结合起来的超验主义，提倡热爱自然，凡事从简，包括衣服

典型的系带浴鞋。鞋面由红棉布制作，鞋底则由包着棉花的软木制成。美国或加拿大，1895—1915 年

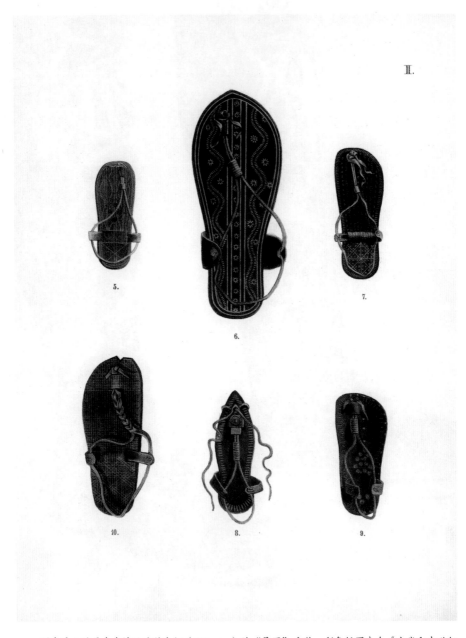

Ⅱ.

图中展示的是来自埃及艾赫米姆（Akhmim）的"异国"凉鞋。彩色插图来自《古代和中世纪早期艾赫米姆－帕诺波利斯的鞋类》（1895）

和鞋子。亨利·戴维·梭罗（Henry David Thoreau）是先验论的主要倡导者之一。他在 1850 年 4 月的日记 [13] 中写道："宁愿穿鹿皮软鞋、凉鞋，甚至光脚，也不要穿很紧的鞋。"实际上，凉鞋成为排斥主流社会，朝着更纯粹、更独立的生活目标迈进的象征。

对许多人而言，追求更"真实"的生活变得更加政治化。在 19 世纪中叶，从反奴隶制运动中走出来的废奴主义者和妇女权利激进分子，转向脚穿拖鞋的罗马自由女神（Libertas）塑像。罗马自由女神长袍飘逸，脚穿凉鞋，恳求旁观者思考剥夺人们投票权的不公。1886 年，当身披斗篷、穿着长袍和凉鞋的美国自由女神像揭幕时，妇女参政论者租了一艘船环绕自由岛，通过扩音器大声疾呼：如果自由女神从基座上下来，她在美国或法国就都没有投票权。[14] 一直到 20 世纪人们还在沿用罗马自由女神：1913 年在华盛顿特区举行的妇女选举权游行中，许多妇女打扮成美国的化身哥伦比亚，或者身穿包括凉鞋在内的古典服装，效法罗马自由女神。妇女选举权和自由女神之间的种种联系，最终导致穿靴子的山姆大叔取代了这尊作为美国主要偶像的雕塑。[15]

妇女选举权并不是唯一使凉鞋政治化的运动。在 19 世纪下半叶，凉鞋成了许多寻求世界新视野者的首选，其中也包括主张服装改革者。爱尔兰活动家夏洛特·德斯帕德（Charlotte Despard）毕生致力于改变穷人的处境，为所有人争取选举权。她欣然接受理性服饰改革运动（Rational Dress Reform Movement）的信条，摒弃紧身胸衣，接纳凉鞋，成为女性激进主义的象征。

其他女性开始纷纷效仿德斯帕德的着装选择，这种打扮很快成为一种既定模式。几十年后，乔治·奥威尔（George Orwell）会对此进行谴责，认为如此穿衣打扮的女人属于"那伙沉闷的家伙，既包括傲慢的女人、穿凉鞋者，也包括留胡须的喝果汁者。他们蜂拥而至，冲向'进步'的味道，就像青蝇扑向死猫"。[16] 男人也喜欢凉鞋。倡导"简单生活"的英国社会主义者爱德华·卡彭特（Edward Carpenter）将穿凉鞋的习惯引进了英国。受梭罗著作的启发，卡彭特寻求一种开明的生活，包括接受同性恋、素食主义、和平主义、社会主义和服饰改革。在追求解放的过程中，他放弃了许多类型的时尚服装，

爱德华·卡彭特穿着自己手工制作的配袜凉鞋。艾尔弗雷德·马蒂森（Alfred Mattison），《门廊中的自己》，1905 年

包括他所称的"脚的棺材"的鞋子。[17]

　　除了传统之外，卡彭特并未发现人们习惯性穿鞋的切实理由。他提出，正如民主"会拯救最卑贱和最受鄙视之人"，民主也必须"拯救最卑微和最受鄙视的身体部位和器官"，从而把个人及其身体自由和所有人的解放联系在一起，由此使凉鞋进一步政治化。[18]卡彭特对凉鞋很感兴趣，于是他请1885 年去印度阿里格尔（Aligarh）担任教授的朋友哈罗德·考克斯（Harold Cox）帮他买凉鞋。考克斯满口答应，送给了他两双克什米尔凉鞋。[19]卡彭特非常喜欢，于是开始在德比郡（Derbyshire）米尔索普（Millthorpe）的家中为自己和朋友进行仿制。他开始出售凉鞋，不久，这种通常与袜子搭配的凉鞋成了英国"简单生活"激进主义的象征。莱奇沃思（Letchworth）是能够看到穿凉鞋者的主要地方之一，到 20 世纪初这里将打造成第一个"花园城市"。

雷蒙德·邓肯（Raymond Duncan）对凉鞋等经典服饰的执着，从这张照片可见一斑。像他的父母一样，年轻的梅纳尔卡斯（Menalkas）也穿手工制作的凉鞋。贝恩新闻社，《雷蒙德·邓肯》，1912 年

由于这一深思熟虑的城市规划，莱奇沃思挤满了穿凉鞋的市民，他们持有各种政治观点，对生活方式的看法也多种多样，其中有和平主义的理想，也有素食主义，凡此种种，不一而足。观光客蜂拥到莱奇沃思，盯着古怪的居民看来看去。一位报纸记者描述了从他身边走过的一位女士所穿的衣服，说她"不仅没戴帽子，显然也没穿紧身胸衣，没穿袜子。她脚上穿的不是普通的鞋子，而是原始的凉鞋"。[20] 使用"原始"这个贬义词可谓一针见血，但是人们也欣赏简单生活崇尚者的红润健康和自由。文章接着写道："她走路婀娜优雅。所有的孩子，包括男孩和女孩，都没穿袜子，他们的腿呈棕色，硬得像核桃。"此外，作者还评论了其他凉鞋"美女"的优雅，她们许多人穿的可能是卡彭特或者他的徒弟制作的凉鞋。

美国没有爱德华·卡彭特，但是确实有伊莎多拉·邓肯（Isadora Duncan），

更重要的是，在凉鞋的历史上，美国还有伊莎多拉的哥哥雷蒙德。像卡彭特一样，邓肯一家追求更为简单的生活，主张把精神和艺术更深入地融合到生活中去。伊莎多拉通过跳舞和服饰表达自我。她模仿希腊女神的服饰，双脚赤裸，长袍飘逸，跳起舞来让观众感到震惊和激动，然而她的个人事迹和职业成就却充斥着美国和欧洲的丑闻版面，同时也把她古典化的赤裸带入了主流意识。雷蒙德·邓肯也过着非传统的生活，而且也欣赏希腊服装的"简约"。他娶了一个希腊女人为妻，他们夫妇只穿包括凉鞋在内的古典服装，结果所有看到的人都惊讶万分。他的希腊服装可能体现出政治和社会改革的愿望，但往往沦为嘲笑的对象。1910 年 1 月中旬，雷蒙德·邓肯回美国巡回演讲。不久，他的小儿子梅纳尔卡斯（Menalkas）和他的姨妈就因为隆冬时节穿衣太少被警官盘问。姨妈穿着束腰外衣和凉鞋被关进监狱，梅纳尔卡斯则被带到儿童协会。雷蒙德也穿着类似衣服来接儿子。报界宣称他的外表打扮"完全不同于任何社会史志记录的东西"。[21]

邓肯一家所穿的那些招致诽谤的凉鞋，都出自雷蒙德之手。他同意一位著名医生的观点：

> 我们从未改进过希腊和罗马的鞋袜，虽然我并非敢于梦想之人，奢望有朝一日我们时髦的女士会明智地选择凉鞋，哪怕只是穿着去海边。此外，即使她们有此倾向，鞋袜商也很难鼓励女士们的想法，因为这对他们生意的兴隆是不祥之兆。[22]

尽管医生的预测令人沮丧，但是凉鞋已开始进入时尚领域。到 20 世纪晚些时候，制鞋商和零售商将推广这种新款式，不是将其作为鞋类的替代品，而是作为往时尚服装中添加的必需品。

然而，凉鞋被时尚人士所接受，并非因为它与古怪或激进思想有关，而是因为它与健康有关。《雷丁鹰报》（*Reading Eagle*）1901 年报道称，在英国伦敦的公园里，穿凉鞋不穿袜子已经成为一种时尚。凉鞋容易让人想到无拘无束和嬉戏玩耍，因此特别适合成为儿童服饰，而且"赤脚"凉鞋对健康的益处也经常被吹捧。翌年，一位法国记者写道：

> 英国凉鞋乃新奇之物……英国儿童穿凉鞋不穿袜子，甚至他们的长辈也开始接受这种穿法。当然，拥有漂亮双脚的女性并不反对跟风，但这种潮流在法国不大可能被普遍接受，因为大多数法国女性过于束缚脚趾，导致脚趾不对称。[23]

尽管声名狼藉，但是这种赤脚凉鞋并未露出脚的大部分。它只是简单地在脚前半部分的鞋面穿孔，或者用宽条皮革，完全裹着脚。这两种方法都增加了透气性，但并未完全露出脚。对一些人而言，穿"赤脚"凉鞋不穿长筒袜越来越受欢迎，但是仍然有点属于"下层社会"。在大众心目中，凉鞋和野蛮仍然有关联，因此有人提醒说：

> 必须牢记于心，有教养的孩子双脚非常柔软，像野蛮孩子那样四处疯跑会让角质层变得坚硬……双脚部分暴露，会让可能有毒的尘土进入脚上的划痕，由此产生的风险……会得不偿失，因为血液中毒永远无法治愈。[24]

必须指出，在没发明抗生素之前，这种担心在现实中不无道理。

尽管存在这样的评论，但是很多医生开始宣传只穿凉鞋不穿袜子的好处。1912 年《纽约时报》（*New York Times*）报道说：

> 这一创新得到了此地医务人员的高度认可，他们认为将脚和腿的一部分暴露在空气中，可以大大强健身体。雷蒙德教授和沙利耶（Charlier）博士两位医生对这一课题进行过专门研究。他们宣称，如果夏天不穿长筒袜，40% 的体质纤弱女孩可以恢复健康。[25]

这双儿童"赤脚凉鞋"，鞋面有几处挖空，便于空气流动，利于"健康"。加拿大，20世纪初

　　探戈靴，鞋带像凉鞋，搭配晚礼服。然而，《帕克》（*Puck*）杂志封面插图中的这个泳装女人却穿着探戈靴出现在海滩上。探戈靴，法国，1910—1920 年。杰克·赫尔德，《朋友之间》，《帕克》，1914 年 8 月 29 日

20 世纪 10 年代，受凉鞋启发的鞋子再次出现在女性时尚界。一如既往，有些鞋子只是简单地用丝带系在腿上，但是更大胆的人则穿着露出脚趾的平底凉鞋。1914 年的一天晚上，广受欢迎的法国女演员让娜·普罗沃（Jeanne Provost）穿着漂亮的凉鞋出现在人们面前，但是并未穿袜子。据媒体报道，她说："双脚自由自在，真是令人高兴。"[26] 文章最后指出，普罗沃开创了"裤裙"的潮流，暗示凉鞋的流行也必将紧随其后。[27] 果不其然，女人穿露趾凉鞋的想法开始慢慢地进入文化意识。然而，凉鞋本身作为时尚配饰却没有什么进展。

凉鞋成为男装几乎是不可能的。1917 年世界大战期间，《圣何塞晚报》（*San Jose Evening News*）发表文章推广穿凉鞋，作为节约资源的一种方式。文章写道：

> 让所有男性和女性都接纳舒适、明智的穿凉鞋习俗，也许难以指望，但是我们有望迎来这么一个时刻：一个胖商人可以穿凉鞋走在街上，不会有警察拦住他，认为他是刚刚从阿格纽斯（Agnews）逃出来的。[28]

阿格纽斯是当地的一家精神病院。显然，要让男人舒舒服服地穿上凉鞋，还需要等待一些时日。

在"一战"末期，男人穿凉鞋仍然会遭遇人们怀疑的眼光。1920 年圣诞节前后，雷蒙德·邓肯的儿子重返新闻头条，结果更加强化了这种观点。这一次，梅纳尔卡斯从父亲巴黎的家中逃出来，令报界欣慰的是，他放弃了传统的装束，换上了裤子和鞋子。《纽约时报》刊登的一篇头条文章的内容摘要说："无裤之家欢迎梅纳尔卡斯……男孩为新式东西叹息……想穿新衣服，至少体验一次非素食圣诞节。"根据这篇文章的描述，梅纳尔卡斯不想被送回父亲的家，他"更喜欢的是自己漂亮的灰色外套，而不是希腊斗篷和凉鞋"，渴望"吃到火鸡和甜馅，这是他在庆祝第一个现代圣诞节时给自己的许诺"。[29]

20 世纪 20 年代，除了邓肯兄妹之外，凉鞋对许多其他知名人士的着装表达也极其重要。著名的非裔美国艺人约瑟芬·贝克（Josephine Baker）将凉鞋

民权领袖圣雄甘地（右）所穿的凉鞋与诗人拉宾德拉纳特·泰戈尔（Rabindranath Tagore，左）所穿的凉鞋形成鲜明对比。甘地的凉鞋很可能是由自己制作的。照片可能摄于 20 世纪 20 年代末，佚名

与异国情调和"原始"的联系留在人们的想象中。印度政治活动家圣雄甘地倡导印度独立和自给自足，穿着自制的皮凉鞋（chappals），赋予了凉鞋政治意义。[30] 1922 年图坦卡蒙墓的惊人发现，揭示了这位年轻法老拥有许多凉鞋，其中包括一双雅致的黄金凉鞋。凉鞋也可以在大众传媒上看到。在塞西尔·B. 德米尔（Cecil B. DeMille）执导的无声电影《十诫》（1923）中，成千上万的人都穿着凉鞋。1926 年，鲁道夫·瓦伦蒂诺（Rudolph Valentino）主演的电影《酋长的儿子》大受欢迎，女演员维尔玛·班基（Vilma Banky）穿上了镀金凉鞋。然而，这些多种多样的凉鞋并没有激起时尚界对露趾鞋的兴趣。

20世纪20年代，带有编织鞋面的鞋子属于透气夏装。其灵感来自巴尔干地区的传统鞋类，根据游轮泳池甲板命名为"丽都凉鞋"（Lido sandal）。瑞士，巴利（Bally）公司制造，1926年

　　说起来特别奇怪，20 世纪 20 年代女性时装发生了彻底变革，但是人们仍然对穿露脚凉鞋缺乏兴趣。衣服已经变得相当暴露，衣裙下摆升到了膝盖，领口下沉，手臂裸露。人们接受典型凉鞋的时刻似乎终于到来了。其实不然，在 20 世纪 20 年代，凉鞋通常指的是一种丁字形鞋面的高跟鞋，鞋面由编织的皮革和某种形式的绑带制成。跟前几十年的儿童"赤脚"凉鞋一样，20 世纪 20 年代的大多数女性凉鞋其实是一整片的，并没有系带，而且跟儿童凉鞋一样，也可以是玩乐的象征。其中，最受欢迎的就是提到过的丽都凉鞋，它是以著名的意大利威尼斯丽都岛海滩或者后来的游轮泳池甲板而命名。[31] 丽都凉鞋，适合许多场合，既可穿着去木栈道漫步，也可穿着去游园会。鞋面精心编织而成，据称是在捷克制造，灵感来自捷克传统 *opanke* 女鞋的鞋面。[32] 晚装凉鞋也很受欢迎，但是尽管有"晚装凉鞋越裸露，到了时装季节就越时髦"之类的说法，不过鞋子再时髦，仍然是鞋子。

　　最后，1926 年《时尚》杂志报道说："在丽都岛，编织鞋非常时髦，［但］真正时髦的沙滩凉鞋都会露出精心修剪的脚趾。"[33] 脚趾即将成为流行时尚。休闲服和日光浴在棕榈滩（Palm Beach）和法国里维埃拉（Riviera）过冬的富人中流行起来，海滩的着装规范开始发生变化。法国的《时尚》杂志还刊登了一篇文章，讲述在威尼斯丽都岛海滩的得体着装。文章包括两种露趾凉鞋的图画。[34] 一幅图画中的鞋子露出了脚趾，是搭配睡衣穿的，后来广告称为"摩洛哥睡衣凉鞋"；另一幅图画是木底凉鞋，有两条脚背带，被称为"中国木屐"。文章还指出，人们准备入水游泳，就会穿上游泳胶鞋，但是"在丽都待的时间越长，就越容易忘记穿鞋"。[35] 这说明，女性终于可以在海滩上露出双脚了。在 20 世纪 20 年代的其他时间，这些异国情调的摩洛哥睡衣、凉鞋和中国木屐有时还会出现在海滨，但是露脚凉鞋在其他地方很少看到。

　　像凉鞋一样，修脚让人想到的是异国情调，但是修脚还意味着奢侈。中国足科医生美化了巴黎人的脚，脚部护理产品和脚趾甲油很快成了摇钱树，尤其是在批评过享乐主义后，人们开始关注脚的整体健康。到 20 年代末，女性的脚已经修剪得足够漂亮，可以大胆展示了。1929 年，素有先见之明的法国鞋履设计师安德烈·佩鲁贾推出了一款软木底凉鞋，用亚麻布带系在脚上，适合在沙滩上穿。他还推出了另一款系带凉鞋，木质的轻薄砖形鞋底，镀金鞋带，镶有人造钻石，适合用作晚装。他的设计体现了即将到来的时装潮流。

到了 20 年代末，男士凉鞋成为男装改革的阵地之一。英国男子服饰改革党（Men's Dress Reform Party）通过促销凉鞋和衣服吸引了媒体的关注，他们认为这些凉鞋和衣服"更适合男性，会让男性更健康……最近，女性已经从中获益匪浅，相信男性的健康和外表也会同样受益"。[36] 然而，祖露男性的身体仍然是个问题："找十个男人来，你会在他们身上发现奇怪的隆起、弯曲和角度，还有关节，看起来比拼图游戏还奇怪。不，先生，要我说，还是把他们遮盖起来吧，时间越长越好，直到我们能培育出一种真正赏心悦目的男人。"[37] 这封写给编辑的针对男装改革的信本身就很能说明问题。随着"二战"开始酝酿，在世界各国塑造一种"完美男人"将成为政治目标，而关于种族优越感和身体完美的思想将会使法西斯主义的火焰越烧越旺。

最后，在股市崩盘后的 20 世纪 30 年代，裸足终于有资格成为时尚女装的一部分。"跳舞的双脚，不再受束缚——凉鞋能露出脚趾，露出脚跟。"《时尚》杂志在 1931 年这样宣称。[38] 高跟凉鞋成了优雅晚装的象征，而露出一点点脚趾的露趾鞋则被认为是日装时尚。简单的休闲系带凉鞋，因为价格低廉，特别受欢迎。1930 年有一篇文章建议说："如果你是一个贫穷但精明的小女孩，或者是一个富有但节俭的小女孩，在这个季节你可以穿海滩服，最大限度地减少夏季服装。"[39] 1931 年夏天，一则针对美国鞋子零售商的露趾影子凉鞋（Shadow Sandals）广告说，出售中的凉鞋"不断改进，就是为满足这非同寻常之年的特殊需求……价格低得可笑——大凡女人，几乎没有谁能忍住诱惑不购置一两双。这是商品……既考虑到人们的钱包，也考虑到商人对利润的需求"。[40] 的确，与普通鞋子相比，凉鞋用料更少，容易批量生产，因此价格更低，为人们提供了另一种选择。这幅全彩广告推出的凉鞋色彩鲜艳，上面的名字唤起了人们对古典过去的回忆。1931 年，市场营销和时装零售顾问阿莫斯·帕里什（Amos Parrish）对凉鞋的新时尚发表评论，称其是"通过

这种粗条纹袢带凉鞋，20世纪30年代开始流行，是典型的新型露趾女鞋。瑞士，巴利公司制造，1934年

儿童服装部"进入的女性时尚领域。[41] 对于热衷时尚的人士而言，正是凉鞋与青春活力和玩耍嬉戏之间的联系将其融入了日常服饰。

尽管凉鞋和玩耍有了新的联系，但是政治活动和经济状况仍然对凉鞋的使用至关重要。实际上，凉鞋在时尚界的流行与政治和经济息息相关。20世纪30年代，手头有大把时间的闲人数量之多史无前例。美国人所称的这种"新休闲"现象，其原因是立法和经济大萧条导致的每周工作时间的全面减少。那些长期失业者被建议参加一些花钱少的活动，譬如去当地海滩或市政游泳池。卡尔·卡默（Carl Carmer）1936年为《时尚》杂志撰文写道：

> 富人前往他们的乡村住宅、俱乐部和游艇。财运不够好的人就会涌向附近的水域，那里的别墅和酒店如同他们的城市住宅紧密相连。他们衣不蔽体，去躺满人的海滩上晒太阳，成群结队地游泳，在拥挤的码头跳舞，一群群地在"木栈道"上行走。[42]

不久，参加上述活动所穿的低价时装，包括轻快的沙滩睡衣和露趾凉鞋，也开始成为家居便服，甚至女主人穿上也十分得体。晚装系带凉鞋，"深受巴黎派对上最时髦女士的青睐"，[43] 依然有精致的挖孔和系带，其边缘饰以光亮的镀金皮革，看似有些奢侈，其实颇具经济优势。金色和银色的小山羊皮凉鞋可以搭配任何衣服，这意味着女性不再需要根据外衣的颜色搭配鞋子。[44] 同样，裸足疗法不仅是时尚，而且也有利于健康，1932年一篇报道这一趋势的文章宣称："如果这一趋势成为一种时尚，女性未来患足病的概率将会降低。"[45]

异国情调仍然与凉鞋有关。1935年，设计师埃尔莎·斯基亚帕雷利（Elsa Schiaparelli）和阿利克斯（Alix）（Germaine Émilie Krebs，杰曼·埃米莉·克雷布斯，后来取名格雷斯夫人）推出了一系列印度风格的晚礼服，搭配低跟凉鞋，《时尚》杂志称这种凉鞋适合跳舞的女孩穿。[46] 1936年，斯基亚帕雷利本人登上了《时尚》杂志封面，照片中她在突尼斯度假，脚穿一双木制平底高跟凉鞋，让人想起传统的土耳其浴室高跟凉鞋（qabâqib），照片的标题说她已经"入乡随俗"。[47] 尽管法国时装设计师马德琳·维奥内（Madeleine Vionnet）的仿古典长礼服急需雷蒙德·邓肯风格的凉鞋，但正是文艺复兴时期的厚底鞋为下一步设计凉鞋带来了启发。

松糕鞋（platform shoes）自 17 世纪以来就没有流行过，当时意大利和西班牙女性都穿过一种高跟厚底鞋，称作软木高底鞋（chopine），但在 20 世纪 20 年代，松糕鞋突然作为沙滩鞋卷土重来。法国鞋类设计师安德烈·佩鲁贾设计了几个款式。斯基亚帕雷利还在 1929 年将软木厚底鞋与她的沙滩睡衣搭配，第二年，《时尚》杂志提倡软木厚底沙滩鞋。但是，松糕鞋作为时尚街头服饰的新概念，由意大利鞋履设计师萨尔瓦多·菲拉格慕（Salvatore Ferragamo）在 20 世纪 30 年代提出。

菲拉格慕离开意大利南部的家乡博尼托（Bonito），1914 年到达波士顿，帮助他在牛仔靴制造厂工作的兄弟，后来又去了圣芭芭拉市（Santa Barbara），最后于 1923 年定居洛杉矶，成立工厂，为电影制片厂和名人制造鞋子，从此声名鹊起。当时，他在好莱坞的任务之一就是为德米尔的电影《十诫》制作无数双凉鞋。他在自传中写道，有一种时装"是我渴望改变的，即闭趾鞋……我开始梦想让女人都穿上凉鞋"。[48] 在为戏装凉鞋订单备货期间，他开始向认识的许多电影"临时演员"提供自己设计的其他凉鞋。[49] 然而，这种风格并没有流行起来，直到一位印度公主订购了五双不同颜色的凉鞋后，菲拉格慕的"罗马凉鞋"才在洛杉矶风靡一时。他接受了为道格拉斯·范朋克（Douglas Fairbanks）制作鞋子的委托，据说 1923 年的无声电影《巴格达窃贼》中"蒙古"王子所穿的松糕鞋就是由他制作的。这些戏剧靴的灵感来自电影助理艺术导演的设计，他在设计中画了一个坡跟。在未来几年，菲拉格慕将会把凉鞋、松糕鞋和坡跟鞋转变成时尚用品。

菲拉格慕在美国取得了成功，但是他却于 1927 年返回了意大利，渴望利用意大利制鞋商扩大业务。可惜，他选择的时机简直是糟糕透顶。全球经济萧条，加上意大利自身的经济和政治动荡，导致了传统制鞋材料供应短缺。

数百年间，西班牙软木高底鞋一直是异常华丽的女性高跟套鞋，是身份的象征。17世纪失宠，但催生了20世纪30年代厚底鞋的流行。西班牙，约1540年

此时，菲拉格慕的创新思维有了用武之地。他选择的一种材料是软木，灵感来自文艺复兴时期的软木高底鞋。软木高底鞋主要有两种形式：一种是用木材制作的意大利软木高底鞋，另一种是用软木制作的西班牙软木高底鞋。意大利软木高底鞋，尤其是威尼斯的软木高底鞋，制造水平达到了惊人的高度，但是在16世纪末，它们通常隐藏在了女性的裙子下面。[50] 相比之下，西班牙的软木高底鞋则是完全可见的，因此常常饰有过多的珠宝或过度镀金。因为这种夸张的配饰，西班牙高底鞋属于重要奢侈品，成为上流社会女性的服饰。西班牙大祭司阿方索·马丁内斯·德·托莱多（Alfonso Martínez de

Toledo），是西班牙女王伊莎贝拉（Isabella）的忏悔牧师，他在15世纪末哀叹说，西班牙没有足够的软木来满足女人对厚底鞋的需求。[51] 在这两种软木高底鞋中，西班牙这一款似乎对菲拉格慕启发最大。与此不同，法国鞋履设计师罗杰·维维亚（Roger Vivier）在1937年设计松糕鞋时，借鉴了威尼斯的这一款式。维维亚最初将自己的设计交给了德尔曼鞋业公司总裁赫尔曼·德尔曼（Herman Delman），但是由于设计得过于激进而遭到拒绝。之后，他将设计交给了斯基亚帕雷利，斯基亚帕雷利用一件新古典主义长礼服与之搭配，并采用威尼斯风格将脚盖住。然而，在未来十年中，是菲拉格慕将这种厚底鞋变成了奢侈品的象征和最时尚的鞋子款式之一。

20世纪30年代末，菲拉格慕设计的彩色镀金松糕凉鞋风靡时尚界，由此诞生了一种新的鞋类形式。坡跟是他的另一项发明，也经常用来制作凉鞋。该设计最初是为了矫形，但立即得到了时尚界的欢迎。厚底和坡底这两种鞋底，重新定义了时尚的轮廓。平跟厚底凉鞋看上去不落俗套，让女性服装瞬间实现升级，还表明穿上它的人正走在时尚前沿。

1940年《纽约时报》报道："毫无例外，男人都不喜欢。他们说，女性穿上这种鞋子，就会魅力顿失。再也看不到精致的高脚背，踩着法式高跟鞋，走路一步一颤的风姿。然而，女性却成群结队地去购买坡跟鞋，部分是因为穿着舒适，部分是因为觉得时髦，不过最主要的还是因为这是新鲜事物。"[52] 人们对松糕鞋和坡跟鞋的批评，与几个世纪前人们对软木高底鞋的批评如出一辙，科斯莫·阿涅利（Cosmo Agnelli）在1592年这样写道：

> 女性认为，穿上高底鞋，趾高气扬地到处走动，会让她们更具魅力，但是真正的美在于周身的匀称。用四分之一甚至半臂长的高跟延长双腿，看起来会像个怪物。[53]

松糕凉鞋和坡跟凉鞋会让脚部裸露得更靠上，按理说可能很有吸引力，但是跟直觉恰恰有点相反，越来越多的证据表明，男性似乎觉得女人露出脚

　　这款凉鞋的哑光黑绒面革和反光银小山羊皮相得益彰，更加凸显了楔形鞋跟。萨尔瓦多·菲拉格慕的松糕鞋启发了无数欧美设计师。欧洲，20世纪30年代末

　　萨尔瓦多·菲拉格慕发明的坡跟鞋是一种矫形鞋，但很快成为一种主要的时尚女鞋。女演员露丝·戈登（Ruth Gordon）穿过这双黑缎晚礼服坡跟鞋。意大利，菲拉格慕，1938—1940 年

特别令人反感。《匹兹堡新闻》（*Pittsburgh Press*）写道：

> 奥林匹斯山之夜，希腊女神穿上金色或银色的凉鞋，这些鞋子可能
> 会为她们的脚增光添彩。但是，现代妇女和女孩受到诱惑，大白天就穿
> 着高跟鞋走上街头。放眼望去，只见光闪闪的袢带遮不住满是灰尘的脚
> 后跟和隆起的拇趾囊肿，我们顿时感到阵阵战栗。[54]

隐藏脚部的高跟鞋似乎受到男性的偏爱，当然也继续是男人色情作品中的主要鞋子形式。

到"二战"期间，时尚鞋子和性感鞋子之间的这种区分将会日益重要。男人公然蔑视松糕鞋和坡跟鞋，但是在丈夫或男友奔赴战场后，这两种鞋子就成了女性切实可行的选择。在整个战争期间，大多数女性都穿着"舒适的"低坡跟鞋，因为她们要为战争贡献力量，但是当需要穿雅致的鞋子时，许多女性就会穿上男人厌恶的松糕凉鞋，这样就既可以防止不必要的男性关注，又可以继续享受时尚。1942年1月17日的行业杂志《鞋靴志》（*Boot and Shoe Recorder*）讨论这些鞋子时写道："你觉得它们可能愚蠢至极，但是你会惊讶地发现，有多少人，甚至那些所谓的明智女性，有时也会喜欢穿上非常不严肃的鞋子。"[55] 与休闲和玩乐有关的松糕凉鞋，或许是女性能选择的最令人振奋的鞋子。

在北美男性时尚中，凉鞋仍然是次要的，尽管1939年《棕榈滩邮报》（*Palm Beach Post*）的一篇报道指出：

> 非凡的凉鞋。几十年来，《人权法案》中更为重要的条款之一，就是保护脏兮兮的运动鞋成为夏季穿的标准鞋，这一点不言而喻。今年夏天……男人们在抢夺来自异域的各种鞋子，从挪威的鹿皮鞋到木底鞋，再到南太平洋的绳编凉鞋。这些东西，除了在博物馆的雕像上看到，不管谁穿上都会被人嗤之以鼻。[56]

在战争期间，许多传统制鞋材料被限量供应，因此制鞋商只好采用各种其他材料。这双松糕凉鞋的用料是植物纤维。可能来自法国，1938—1945 年

欧洲男人开始穿一种男版"赤脚"凉鞋，但在北美，这种凉鞋仍然存在问题，大多数男人都避之不穿。

将凉鞋融入男性服饰，面临着一个挑战，即男性穿凉鞋仍然传达出激进主义思想。乔治·奥威尔1937年出版的《通往威根码头之路》发出了对社会主义的呼唤，对这场运动为何没有得到更广泛接受提出了批评。他写道，社会主义、正义和自由的理想被埋葬了，因为"'社会主义'一词本身就能让人想起……这样一幅画面：胡子蔫巴巴的素食主义者、布尔什维克政治委员（半是歹徒，半是留声机）、严肃诚恳的穿凉鞋女士、头发蓬乱的马克思主义者"。[57]奥威尔继续写道，这一事业可以得到拯救，前提是"把凉鞋和淡绿色的衬衫堆起来，一把火烧掉……［而且］更聪明的社会主义者不再愚蠢和莫名其妙地疏远可能的支持者"。[58]他警告说，如果这些导致许多人因厌恶而畏缩不前的服装问题得不到解决，"法西斯主义可能会获得胜利"。奥威尔的预测非常及时，因为正如他所写的那样，法西斯主义威胁着世界，结果到30年代末，"二战"就拉开了帷幕。

在所有饱受战争蹂躏的国家，妇女都迫不得已开始穿简单的凉鞋。可供利用的资源非常有限，但是许多制造商展现出了非凡的创造力，积极参与保护这些资源。在意大利，制鞋商因回归古典传统、推出古代风格的细带凉鞋而备受赞誉。[59]在法国，夸张的厚底松糕凉鞋看上去花哨惹眼，似乎对战时贫困置若罔闻，因而成为战时反抗的象征。《时尚》杂志对战争期间的法国时尚进行了报道，评论说法国女性意识到：

> 节省只让德国人受益。法国人使用的材料越多，德国人得到的就越少。雇用越多的工人生产法国服装，被德国征用的工人就会越少……1942年前后，法国人通过时装虚张声势，作为反抗德国的表示……高跟木屐踩着自行车踏板……通过这种玩乐行为，法国妇女想告诉德国人，尽管他们占领了她们的国家，剥夺了她们的言论和行动自由，但是却不能挫败她们的精神。[60]

1947 年，萨尔瓦多·菲拉格慕凭借其"隐形凉鞋"斩获著名的尼曼·马库斯（Neiman Marcus）时尚奖，凉鞋有透明尼龙袢带，灵感来自钓鱼线。意大利，菲拉格慕，1947 年

松糕凉鞋可以很容易地用非定量配给材料制造，譬如软木、纺织品或者稻草、酒椰叶等纤维。在战争年代，松糕凉鞋越来越受欢迎，但是随着战争接近尾声，它风光的日子屈指可数。

从战后巴黎传来的报道说，松糕鞋对步态产生了不良影响，这也宣告了这款鞋子的终结。1947年，克里斯蒂安·迪奥（Christian Dior）的超女性化新造型（New Look）彻底改变了时尚，一种全新的鞋子呼之欲出。菲拉格慕同年推出的隐形凉鞋，既具有前瞻性，又具有滞后性。凉鞋祥带的灵感来自透明的钓鱼线，暗示女性的脚会随着时尚裸露得越来越多，但是包着反光银山羊皮的悬臂式楔形鞋底，就像木屐式坡跟一样，注定会遭到抛弃。时尚界更加强调高跟鞋，因为高跟鞋使女性着装更加符合男人的性欲理想。雅致的高跟凉鞋再次成为晚装的宠儿，但与20世纪30年代不同，此时的高跟凉鞋发生了新的变化，不但鞋跟更高更细，祥带也更细。其实，最早的全钢窄跟，即细高跟鞋的前身，是由安德烈·佩鲁贾于1951年设计的，只用两条细带子固定在脚上。很快，高跟凉鞋便大行其道，甚至被看作正式端庄的服饰，英国女王伊丽莎白二世就是穿着这种凉鞋出席加冕礼：1953年，她脚穿一双露趾镀金凉鞋登上了王位。这双凉鞋是维维亚受拥有王室供货许可的英国雷恩（Rayne）制鞋公司之托为女王特别设计的。[61]

晚装凉鞋使用醒目的祥带，在简约的夏季平底凉鞋中有所反映。早在1944年，夹趾凉鞋就开始进入流行时尚。1945年《时尚》杂志的一篇文章称，这种新的夹趾凉鞋与战争有直接关系："它们不可能与长筒袜搭配。它们不可能出现在战前，因为我们还没有学会赤脚走路。"[62]《时尚》杂志的另一篇横跨两版的文章声称，"全空式"（barely-there）新款凉鞋不会让人想起尤里乌斯·恺撒（Julius Caesar）或雷蒙德·邓肯，[63] 但是毫无疑问，这些凉鞋在造型上体现了仿古风格。

最近几年意大利还是同盟国的敌人，但是到处都弥漫着一种对意大利的迷恋，让人怀旧的意大利凉鞋随处可见，奥黛丽·赫本（Audrey Hepburn）在《罗马假日》（1953）中穿的那双凉鞋便是证明。这种新时尚让人想起了

到 20 世纪 50 年代，全空式高跟鞋在正式场合很流行。加拿大，1957 年

休闲和凉鞋之间的联系，电影的结尾清楚地说明了这一点——赫本饰演的皇室角色放弃了凉鞋，换上一双"严肃"的高跟鞋，标志着她重新承担起了自己的职责。

平底芭蕾舞鞋，由 19 世纪早期的缎面凉拖衍生而来，在战争期间开始流行。据报道，1944 年美国时装设计师克莱尔·麦卡德尔（Claire McCardell）因为战时对鞋材的限制，让模特们穿上了纺织芭蕾拖鞋，创造了一种流行至今的时尚。和意大利凉鞋一样，奥黛丽·赫本也帮助推广了这种风格。到 20 世纪 50 年代，平底芭蕾舞鞋成了天真少女们购买鞋子的首选。

尽管凉鞋在女性时尚界深受欢迎，但是男装凉鞋仍然带有反主流文化的联想。凉鞋在战后"漫游"欧洲的浪漫，以及在许多欧洲知识分子服装中的突出地位，都给自身带来了声望，但正是美国西海岸"垮掉的一代"的出现，进一步巩固了 20 世纪 50 年代凉鞋的"另类"联想。1957 年杰克·凯鲁亚克（Jack Kerouac）的《在路上》出版，1958 年《旧金山纪事报》（*San Francisco Chronicle*）的赫布·凯恩（Herb Caen）便创造了"垮掉的一代"这个标签。这个名字的流传，给亚文化群带来了一种明显的负面联想，这种联想利用了老派布尔什维克主义的比喻和当前的冷战恐惧。20 世纪 50 年代末，"垮掉的一代"一成不变的制服是卡其裤、高领毛衣和凉鞋，袜子则时有时无。"垮掉的一代"迅速成为不墨守成规的代表人物，他们的衣服被大肆模仿，也经常遭到恶搞。旧金山"垮掉的一代"最喜欢的咖啡馆是维苏威火山咖啡馆，它的老板亨利·勒努瓦（Henri Lenoir）公开讽刺他们的整套概念，并在橱窗上贴广告宣传"垮掉的一代套装"，包括高领毛衣、太阳镜和凉鞋。[64]在东海岸，"垮掉的一代"可以逃到科德角（Cape Cod）的普罗文斯敦（Provincetown），从梅纳尔卡斯·邓肯那里买到凉鞋。邓肯年轻时对父亲的生活方式很排斥，但长大后却成了著名的制鞋商。

然而，对于更为传统的男性而言，穿凉鞋仍然不可想象。1948 年，一篇文章预测说，男人很快就会穿上金色银色的凉鞋。这被当成一场灾难："在美国文明衰亡的故事中，男人开始穿上凉鞋的那一天很可能会被记录在册，

这双旧凉鞋属于加拿大前总理皮埃尔·特鲁多（Pierre Trudeau）。年轻时，他穿着它们"环游世界"。欧洲，1948—1949 年

作为更加悲伤的脚注。"[65]与此同时，另一篇文章打趣说：

> 对我而言，这些新的男式凉鞋来得太快了。昨晚在第五大道上看到一个40多岁的赤脚男子，等定睛一看，却发现他穿的是凉鞋。只有一个鞋底，脚趾之间夹着一条带子。他还穿着短裤。穿成那样，我会觉得自己仿佛是在做噩梦，突然置身于一群人之中——都赤身裸体。[66]

大多数男人拒绝穿凉鞋，可能是因为它会裸露双脚，但正是这种裸露才让凉鞋一直位于女装之列。在接下来的十年中，人们接纳了这一裸露特色，而且到了一种诙谐的地步。1965年，贝丝·莱文（Beth Levine）就设计推出了完全没有鞋面的凉鞋。

随着20世纪50年代的推移，露脚凉鞋正成为日常女装的一部分。在夏天的日常衣着中，许多女性仍然穿着受意大利款式影响的全空式简单凉鞋。到了晚上，细高跟凉鞋则成为社交用鞋。20世纪50年代，菲拉格慕设计了许多凉鞋，其中包括他著名的Kimo笼形凉鞋，这款凉鞋配有金色小山羊皮或缎子制成的"袜子"，可以与凉鞋搭配，改变其外观。他甚至还为这种最新款式的配袜凉鞋申请了专利。

在家里，女人们也开始穿19世纪50年代充斥市场的日本橡胶夹趾凉鞋。这种最早的人字拖，因其发出的声音而得名，是作为浴鞋销售给女性的，最初用的是日语名字"草鞋"（zori）。20世纪30年代，日本已经开始大规模生产胶鞋，战后广岛橡胶公司等制造商开始向美国等国家出口橡胶凉鞋。这种人字拖易穿价廉，很快取代了其他沙滩凉鞋，成为夏季休闲的象征。这种橡胶凉鞋成了南加州冲浪文化的一部分，而且在澳大利亚和新西兰，它还正式成为日常服装。[67]

20世纪50年代，到处都有人穿一种凉鞋，这就是后来的果冻鞋。以法国渔夫凉鞋的设计为基础，第一款果冻鞋由让·达芬特（Jean Dauphant）于1954年在法国获得专利。[68]到1955年，果冻鞋已经成为第一款注塑成型的凉

　　20世纪60年代中期，鞋履设计师开始尝试设计无面鞋。这双鞋，装饰着伊甸园般的叶子，穿时要粘在脚上，从未量产。美国，贝丝·莱文设计，赫伯特·莱文（Herbert Levine）制作，1965年

桑达克（Sandak）凉鞋是最早注塑成型的鞋子之一。它是在法国为西非市场制造的。法国，1955 年

鞋。它在许多非洲国家特别受欢迎。在厄立特里亚（Eritrea），果冻鞋成为民族反抗的象征，在阿斯马拉市（Asmara）中心矗立着一尊纪念独立战争的果冻鞋雕像。这种凉鞋的名字叫"希达"（Shida），从 20 世纪 60 年代开始，游击队员就开始穿这种凉鞋。他们没有制服，只有希达是游击队员的统一装束。[69]这种款式在南美也很流行，到 20 世纪 80 年代又从此进入美国时尚界，掀起了一股对这些颜色鲜艳得如同宝石般的凉鞋的短暂狂热。

到 20 世纪 60 年代，社会动荡引发了各种挑战现状的运动。民权运动、妇女解放运动和环境保护主义反映了文化变革的愿望。这种广泛的不满情绪，大多通过非传统的服装表现出来，尤其是凉鞋。反主流文化的"嬉皮士"将通常来自外国的凉鞋塞进他们带有政治动机的服装风格。1967 年，亨特·S. 汤普森（Hunter S. Thompson）在《纽约时报》杂志撰文称：嬉皮士鄙视虚伪；

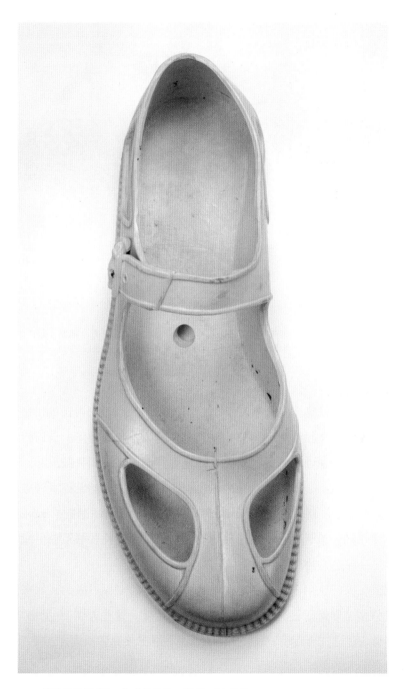

简陋的巴塔（Bata）夹趾拖鞋。印度，21世纪

20世纪60年代，来自墨西哥的精致手工编织凉鞋开始流行。墨西哥，何塞·马丁内斯（José Martinez）制造，2014年

他们渴望开放、诚实、关爱他人和自由。他们拒绝20世纪美国的伪装造作，宁愿回归"自然生活"，就像亚当和夏娃一样。[70]和爱德华·卡彭特一样，他们更喜欢手工制作的拖鞋，而不是批量生产的拖鞋，而夹趾凉鞋，尽管价格便宜，容易买到，但仍然是冲浪文化而非嬉皮士文化的象征。许多嬉皮士选择进口的印度皮制凉鞋（chappal）和墨西哥的手工编织凉鞋（huarache），而且就像早期的激进分子一样，他们与外来的"他者性"联系在一起，给自己增添了一种迷人的真实性。

此外，人们认为凉鞋重新建立了与"灵性"的联系，因此到后来这些凉鞋成了许多"耶稣子民"或"耶稣迷"的首选鞋。这些人在20世纪70年代初都曾参与过嬉皮士运动。对大多数人而言，手工皮凉鞋被视为选择"退出"主流社会的人的象征。

正是在这种环境下，闻名遐迩的勃肯凉鞋开始在美国普及。1966年，服

勃肯凉鞋(Birkenstock)最初因其矫形功能而受到欢迎,但后来成为自由主义政治的象征。德国,20世纪90年代

装设计师马戈·弗雷泽（Margot Fraser）发现穿勃肯凉鞋可以缓解严重足痛后,开始进口勃肯凉鞋。"医生让我做的所有运动,比如站在电话簿上用脚趾抓电话簿（如果坚持三分钟,我就会觉得自己像个英雄）,我自然都是穿着这种凉鞋完成的。"[71]与另一种反主流文化的马丁靴（Dr Martens）一样,勃肯凉鞋最初也是由一名德国人发明的。康拉德·比肯施托克（Konrad Birkenstock）是18世纪众多制鞋商中的一员,1902年他受邀设计具有支撑性的鞋子,用来帮助德国士兵康复。他利用软木开发了一种符合人体工学设计的鞋内底。该公司的专长主要是制作鞋内底,但是1964年,他们推出了一款名为"马德

里"（Madrid）的软木底绒面凉鞋，由康拉德的孙子卡尔·比肯施托克（Karl Birkenstock）设计，一款经典之作由此诞生。鞋底能与穿者的脚自动吻合成形，加上脚背宽大，使得这款凉鞋很容易搭配袜子，因此赢得了一批铁杆粉丝。这种凉鞋，舒适健康，自然进入了健康用品商店进行销售，而这些商店也成为其最早的分销商之一。它体现了反时尚美学，而且许多人穿勃肯凉鞋会搭配袜子，这两点将这种款式与早期简单生活倡导者和其他"不满现实者"所穿的凉鞋联系了起来。20 世纪 70 年代，勃肯凉鞋开始与嬉皮士和其他追求更"真实"生活方式的人，尤其是那些参加女权运动的人，联系在了一起。

爽健运动凉鞋，同样在 20 世纪 60 年代问世，同样作为有益于健康的鞋子进行推广。但是，这种美国凉鞋并未受到反主流文化追随者的欢迎，反而成为年轻女性锻炼腿脚的一种时尚产品。"伦敦'姑娘'发现这种运动凉鞋和迷你裙非常搭配后，它的受欢迎程度顿时飙升。"[72] 的确，超短裙能充分展示修长的双腿，作为补充，时尚界还提供了各种选择，既有简约的凉鞋，也有束腿的未来角斗士凉鞋。异国情调也影响到了时尚，但这是带有奢侈倾向而非禁欲主义的异国情调，具有东方主义和颓废享乐的色彩。

在男性时装领域，"孔雀革命"（peacock revolution）鼓励男性通过服饰表现更多个性，向其他文化和时期寻找灵感，而凉鞋似乎即将成为男性的一种选择。其实，在 20 世纪 60 年代中期，一些非裔美国人就在"黑人骄傲"（Black Pride）运动中穿非洲凉鞋和花褂子（dashiki）。但是，对于大多数"古板"的白人男性而言，凉鞋仍然是禁忌。

随着政治抗议让位于自我放纵的享乐主义，随着民间音乐在迪斯科面前黯然失色，象征玩耍的凉鞋成了女性时尚的中心主题。厚底松糕凉鞋是 20 世纪 40 年代风格的翻版，最初深受青少年和年轻女性的欢迎，被视为一种极端时尚，搭配袜子时尤其如此。《时代》杂志对这一趋势报道称：袜子"经常与软木底露趾凉鞋或坡跟鞋搭配……最热衷穿袜子的人，似乎是青少年和 30 岁以下喜欢把腿装扮得时尚迷人的年轻人"。[73] 女士们穿凉鞋搭配长筒袜，但是彩色短袜是一种新兴事物，对彩虹色厚短袜的偏爱标志着这一潮流还很

　　根据设计，穿上爽健凉鞋（Dr Scholl sandal）可以强健腿脚。鞋垫形状特别，脚需要不断地紧握和弯曲。美国，肖勒博士（Dr Scholl）制造，1980 年

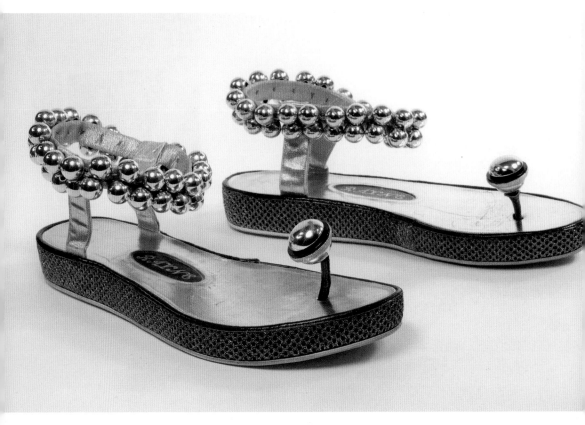

雷恩公司的这双凉鞋，灵感来自印度的鞋子和脚踝珠宝。脚趾钮结构是模仿传统的帕度卡（Paduka）凉鞋。英国，1967 年

幼稚。这种与青春的关联，使松糕凉鞋的色情价值复杂化。然而，对这种款式的厌恶并未再次出现。复古的氛围给人一种儿童装扮的感觉，从新闻报道到好莱坞电影，松糕凉鞋都被描述成遭受性剥削儿童服装的一部分，朱迪·福斯特（Jodie Foster）在《出租车司机》（1976）中饰演的角色就体现了这种风格。正如《纽约时报》所说：

> 今天纽约离家出走者的照片，并非诺曼·罗克韦尔（Norman Rockwell）在《周六晚邮报》（*Saturday Evening Post*）上刊登的封面图片：一个14岁的男孩，桀骜不驯，长着迷人的雀斑，用大手帕包着衣服，系在棍子一头；而是一个14岁的女孩，穿着厚底凉鞋和热裤，站在第八大道的街角，询问路人是否想寻个乐子。[74]

时尚也推动了凉鞋的过度性感化："想裸就裸——更多裸露就是法则。凉鞋已经被精简，被剥离。要想变成大长腿，速度最快的莫过于穿上裸露的高跟凉鞋！"[75]进入好色的十年，古怪的松糕凉鞋最终被更性感的细高跟鞋所取代。然而，对大多数男性而言，凉鞋仍然是禁忌，即使在一些男性穿着厚底松糕鞋和靴子冒险外出的时期，穿凉鞋也要冒太大风险。但是，时代即将发生变革。

20世纪80年代，露趾凉鞋在女性时尚界得以复兴，但是这十年更多的是关于"权力"浅口轻便鞋，而不是玩耍穿的凉鞋。然而，1984年推出了第一款男装运动凉鞋——太哇（Teva）凉鞋。美国大峡谷河向导马克·撒切尔（Mark Thatcher）注意到，他的许多客户都没有合适的鞋子，运动鞋会浸满水，人字拖在漂流时很滑，非常危险，于是发明了太哇鞋。撒切尔想出了一个解决方案，把威扣（Velcro）魔术贴表带改装成了人字拖袢带，于是一款结实的凉鞋就酝酿成形。太哇凉鞋用于探险，而非闲逛。它象征着积极休闲，而非消极休闲，而且定价也非常高昂，这些因素使凉鞋最终为许多男人所接受。一位作家将太哇凉鞋比作超音速飞机，他这样说道："不要再想皮革人字拖或简单的人

（上图）20 世纪 70 年代，英国鞋履设计师特里·德·哈维兰（Terry de Havilland）设计了许多时尚的松糕鞋。英国，1972 年

（右图）20 世纪 70 年代下半叶，迪斯科时尚开始占据主导地位，高跟凉鞋取代了松糕鞋，成为最流行的鞋子。意大利，贝尼托·斯卡达维（Benito Scardavi）制造，1975—1979 年

太哇凉鞋的设计宗旨是坚固耐穿，适合户外运动，因此帮助凉鞋重新成为男性着装。美国，20世纪90年代

字拖了：最新的探险凉鞋与这些东西几乎没有共同点，就像协和式飞机与纸飞镖没有共同点一样。"[76]

随着男士穿凉鞋的观念为更多人所接受，曾经不分男女的人字拖也进行了重新设计，以体现性别差异。在20世纪90年代，男款人字拖的鞋底更厚，皮革或尼龙带也很厚。鞋子的颜色，从丛林绿到土褐色应有尽有，会让人联想到野外冒险。相比之下，面向女性市场的人字拖开始出现糖果色，而且许多人字拖都带有从莱茵石到塑料花等各种华丽装饰。自20世纪60年代初以来，巴西品牌哈瓦那（Havaiana）的人字拖就一直是巴西服装的主打产品。1999年，让-保罗·戈尔捷（Jean-Paul Gaultier）将人字拖搬上T型台，哈瓦那品牌开始进入高级时装领域。到2001年，该公司开始为时尚市场提供工匠精心制作的人字拖，并在美国和欧洲的高端商店进行零售。[77]

"周五便装日"在北美的流行给男性着装带来了新的压力。突然之间，下班穿的凉鞋出现在了工作场所。周五便装日要求员工在办公室展示休闲时间的方方面面，不要藏在男性权威制服、西装和布洛克鞋（brogue）之中，但是混乱也随之而来。运动鞋和牛仔裤是最常见的着装选择，但是一些男性却暴露得更多，穿着人字拖或太哇凉鞋上班。虽然选择这些凉鞋传达出一种悠闲自在或冒险精神，但是男性露出脚丫仍然令人不安。谴责穿露脚凉鞋的"读者问答专栏"和评论文章铺天盖地。

正如《纽约时报》一位敏锐的读者在1994年所指出，对男性适合穿什么鞋子、身体暴露程度的焦虑，预示着男性时装即将发生更大的转变。他这样写道：

> 随着男性在超越着装规则方面获得经验，他们会培养出时尚品位，而这正是推动女性服装业发展的动力。如果男装行业能巧妙利用这一点，那么它对周五便装日的担忧反而会促进服装业的发展。不是焦虑，而是机会。[78]

穿凉鞋在一定程度上增强了身体意识，鼓励男性去修脚，通过健身突出肌肉线条，去除体毛。因为这一点，到21世纪初还出现了"男性修毛"（manscaping）一词。

如果说凉鞋融入男装在一定程度上促使男性更加注重形象，那么20世纪90年代末进入女性时尚的系带高跟时尚凉鞋，则直接标志着女性魅力理念的延续。受"脱衣舞鞋"（stripper shoe）启发的凉鞋在21世纪初非常流行，它再次将凉鞋与玩乐联系在一起，不过它以这种形式呈现的是角色扮演，穿着它的人喜欢看上去像"工作女郎"的那种轻俏感。

20世纪80年代和90年代勃肯鞋在大学生和新时代运动者中再度流行，让政治与鞋子之间的爱德华·卡彭特式的联系延续到了21世纪初。"穿勃肯鞋的自由党"一词，是保守派针对佛蒙特州民主党人霍华德·迪恩（Howard Dean）的总统抱负在2003年创造的。只要简单地提到一种鞋子，人们就会立刻联想到咀嚼麦片的女权主义者，非异性恋（LGBTQ）维权人士，蓄着胡须、拥抱树木的环保主义者以及其他"反美国的不受欢迎者"。吉尼亚·贝拉凡特（Ginia Bellafante）曾在21世纪初思考过"比肯施托克自由党"一词以及鞋子在构建社会身份方面的重要性。她这样写道：

> 当今世界，人们日益倾向于认为鞋子是一种社会和意识形态分类的可靠体系，而勃肯凉鞋就是一种方便的参考。再如，一个女人穿马诺洛·伯拉尼克（Manolo Blahnik）牌鞋子，就清楚地表明她的岁数在28岁至45岁之间，具有后女权主义倾向，渴望像奥斯丁小说中的人物一样嫁个有钱人。现在"马诺洛"一词使用广泛，出现在专栏文章中都不需要解释。鞋子可以传达许多个人信息——过去的地位，现在的地位，将来又是什么地位。作为对所处阶层和所穿款式忠诚的象征，鞋子或许能告诉我们一个人会如何投票。[79]

尽管贝拉凡特的目的是在针对勃肯鞋和迪安意识形态之间的联系寻找漏

洞，但是她的评价颇具洞见性——在 21 世纪初，各式各样的鞋子似乎都体现着刻板的社会身份特征。对年轻的女权主义者而言，这尤其是个问题，因为她们试图与穿凉鞋的前辈保持距离。然而，跟所有的鞋子一样，勃肯凉鞋的含义是不断变化的。在"穿勃肯鞋的自由党"一词诞生的同一年，勃肯凉鞋也入选奢华的奥斯卡金像奖礼品包。有人注意到女演员格温妮丝·帕特洛（Gwyneth Paltrow）曾穿着勃肯凉鞋，超模海蒂·克鲁姆（Heidi Klum）也被该公司请来为欧洲和北美设计新的款式。[80]经销商无法维持货架库存；2014年售出了近 2000 万双勃肯凉鞋。而且，据《纽约客》报道，马诺洛·伯拉尼克本人也承认穿过这种鞋子。[81]不流行的突然流行起来，在某种程度上勃肯凉鞋也被去政治化了。

21 世纪 10 年代，大多数人的服装都包括凉鞋，但是凉鞋仍然让人焦虑；特别是男性在公共场合暴露双脚，仍然会令人感到震惊。2011 年，时任美国总统的贝拉克·奥巴马（Barack Obama）在夏威夷度假，和小女儿一起购买刨冰时被人拍到穿着人字拖。顿时，媒体一片疯狂。很多人认为他穿的人字拖比美国前总统尼克松（Nixon）在海滩穿的鞋更好，尼克松"有个奇怪的习惯，喜欢穿着正式的翼尖鞋在海滩上散步，这让他看起来像个拘谨的怪人，这一点无人不知"。[82]专家接受采访后，大多数人都表示惊讶，但是对奥巴马网开一面："我认为这没有什么大不了的。穿什么鞋子，要看场合。他在海滩上给女儿买刨冰，我想你不会因此批评他的。"报道此事的报纸援引总统历史学家简·汉普顿·库克（Jane Hampton Cook）的话说，如果他现在穿着人字拖去发表国情咨文，情况就不一样了。[83]撂客网（Gawker）的布莱恩·莫伊伦（Brian Moylan）写道："乔治·W. 布什（George W. Bush）穿卡骆驰洞洞鞋让我更加愤怒……［人字拖］令人讨厌、粗俗、没有吸引力，［但是］他是在度假。你不工作的时候，不需要受任何人的约束。"[84]

男人穿凉鞋之所以让人不安，与其说是因为人们不喜欢简陋的人字拖蕴含的美学，倒不如说是因为看到男人脚穿凉鞋产生的文化不适。"我丈夫的脚扭曲粗糙、多毛多茧，但是他夏天坚持穿人字拖。我有什么办法能让他在去公共场合之前修修脚吗？"一位忧心忡忡的妻子对时尚专栏作家拉塞尔·史密斯（Russell Smith）说。他回复说："男性的脚，特别是随着老化，并非最诱人的身体部位。"因此，他建议这位妻子的老公应当穿跑鞋或者稀松编织鞋，还提醒她让老公避免穿"那种最糟糕的鞋子，即最惊人的魔术贴橡胶'运动'凉鞋。这种凉鞋可是各地开着越野车去步行街吃烧烤的爸爸们的最爱"。[85]

21世纪初，男士选择鞋子变得日益复杂。不仅男人的脚被认为不雅观，而且许多流行的休闲鞋，包括太哇和新发明的塑形封闭的树脂卡骆驰洞洞鞋，也都不受待见。对男性脚部裸露的关注，凸显了涉及男性暴露身体的诸多矛盾。在北美，在休闲和运动的语境中，不穿衬衫完全没问题，但是速比涛（Speedo）等品牌的泳衣却一直不被社会所接受，因为人们对男性穿上它们后凸出的生殖器轮廓颇有微词。男人的腿可以裸露，但只能是膝盖以下。在后院或海滩，可以光脚，但是穿上凉鞋就变成一种裸露。有了凉鞋的衬托，双脚便成了人们审视的对象。赤脚也意味着脆弱。的确，长期以来凉鞋一直是和平主义者选择穿的鞋子。也许19世纪的一句格言说得在理："即使在装扮的高光时刻，一个人也应该永远保持一丝实用。"[86]然而，最常见的感受依然是看到男人的脚所产生的不适感："大家似乎都能就一点达成共识：男人的脚很恶心，让周围的人作呕。"[87]

如果让男性的脚成为公众关注的对象是一种令人不安的女性化，那么要求男性精心护理和修剪双脚，对很多男性而言就太过分了。许多人把去美甲沙龙的经历描述为一种纯粹的胆战心惊，比如脚被人触碰时忍不住想咯咯笑，还有在美甲沙龙这个超女性化的空间里碰到其他男人带来的尴尬。然而，在许多文章的结尾，作者都承认已经接受修脚：

> 令人惊讶的是，在进入美甲沙龙时，并未看到横幅上写着："欢迎来到茜茜镇，你这个妖冶的娘娘腔！"相反，只有一些椅子和杂志（甚至是男士杂志）……在某种程度上，我的确明白为什么大多数男性拒绝修脚……美甲沙龙对我们大多数人来说都是一种真正全新的体验。[88]

为了应对男性不断增长的修脚需求，"男性"水疗中心应运而生。

有人提出，男士恢复穿袜子配凉鞋的旧传统，或许会减少看到他们穿凉鞋露脚的不适感。2013 年，戴维·海耶斯（David Hayes）在《金融时报》（*Financial Times*）发表文章《袜子和城市：男性凉鞋的兴起》，报道称有"勇敢的"男人敢于在海滩以外的地方穿凉鞋了，但是这也恰恰说明男性时尚在把凉鞋纳入男性服饰方面并未取得多少进步，而且长期以来人们一直不赞成男人穿袜子搭配凉鞋。通常，穿袜子搭配凉鞋比光脚穿凉鞋的男人更不受欢迎。周仰杰（Jimmy Choo）成衣创意总监桑德拉·崔（Sandra Choi）宣称，袜子搭配凉鞋绝对是"禁忌"，而高端鞋履设计师皮埃尔·哈迪（Pierre Hardy）则比较开明，他将穿袜子搭配凉鞋的权利等同于自己选择跟谁结婚的权利，从而在讨论中悄悄地融入自由主义政治。[89] 显然，爱德华·卡彭特的幽灵仍然影响着袜子搭配凉鞋。

然而，最近最受诟病的鞋子可能要数巍跋然（Vibram）公司的五趾鞋（FiveFingers），它似乎把凉鞋和袜子合二为一。五趾鞋设计成"脚的手套"，遮住了脚，但同时突出了每个脚趾，这让许多人感到不安。这种设计还有一点令人不安，即设计这些鞋子的动机是为了让双脚以一种受保护的方式与自然环境接触。这一目标带有医疗改革的色彩，从 19 世纪克奈普斯（Kneipp）神父备受诟病的鼓励踏着晨露赤脚行走的"草地疗法"，到最近的赤脚跑步爱好者，都莫不如此。尽管哈佛大学对赤脚跑步的生物力学研究为其提供了科学依据，[90] 但是那些穿五趾鞋跑步的人很快就被归为自恋的"健康狂热者"：

> 五趾鞋成为这整个场景的一部分：那种"哦，伙计，我刚刚跑完艰难的 10 公里"的场景。这种场景说明，你跑完越野会径直来到全食超市的希腊酸奶专区，脸上带着自鸣得意、富有活力的笑容。如果你是这些人中的一员，你知道自己是谁，而且你是最糟糕的。[91]

穿淋浴－泳池拖鞋（使用单根脚背带的一脚蹬塑料凉鞋）搭配袜子的潮

尽管是休闲鞋，但品牌化是凉拖时尚的核心。日本，皇家布里斯托足球俱乐部（FC Real Briton）出品，2016 年

流，最终也与自鸣得意的优越感联系在一起。各种各样的年轻人，从男大学生联谊会成员到运动员，都利用过这种鞋袜搭配传达对着装的淡漠。肖恩·斯威尼（Sean Sweeney）在《如何穿新拖鞋扮酷》一文中写道：

  坦白地说，如果你现在是大学生，而且你轮换的鞋子中没有这种款式，你就落伍了。它是"我身材很好，瞧瞧我，我可能正在去锻炼的路上""我一切都顺其自然"以及"我不是那种花一小时才能准备好的家伙"这三种态度的完美融合。[92]

尽管这种款式似乎给人一种刚起床的感觉，但种种规则的确在起作用。最受欢迎的拖鞋具有明确的品牌，而且会融入一点运动员的男性气概，让人联想到运动鞋文化。穿什么样的袜子也很重要：筒袜本身经常会打上品牌，增添一种运动气质，因为筒袜可以暗示穿袜子的人很快就会或最近一直在穿运动鞋参加运动。

然而，袜子也会让人联想到裸露，能够将色情融入鞋袜组合。这种风格已经非常流行，这种廉价凉鞋的高端版本开始在时尚界推广。2015年，吴斯图（Stu Woo）和雷·A. 史密斯（Ray A. Smith）在《华盛顿邮报》报道称：

> 据说，袜子搭配凉鞋正在流行，它让爸爸们、德国游客和嬉皮士沦为无休止的被嘲笑对象。卡尔文·克莱恩精品（Calvin Klein Collection）、葆蝶家（Bottega Veneta）、玛尼（Marni）等奢侈品牌在6月的男装走秀台上展示了这种搭配……这一趋势的流行，在某种程度上要归功于或归咎于运动更衣室。最近的一个下午，在训练前，十几名纽约巨人队的球员快步走出更衣室，接受媒体采访。他们中有一半人穿着凉鞋袜子……运动员说他们穿袜子搭配凉鞋，是因为他们可以这样穿。更衣室没有关于着装的规定。[93]

正是由于这一建议，穿这种鞋的人才可能不受打扰，才会使这种款式富有吸引力。长期以来，男性对时尚一直是断断续续地感兴趣，而穿袜子搭配凉拖在鼓励消费和品牌联盟的同时，也使男性对时尚感兴趣的形象得以保持。

尽管出现了名师设计的凉拖，但是目前哪怕是最大胆的男士也不会穿凉鞋参加正式聚会。近年来，一些男士开始将运动鞋与无尾晚礼服搭配，但是19世纪男士开始穿的保守的系带牛津鞋或正装高跟鞋仍然是大多数男士去正式场合的标配。然而，在女性时尚中，系带凉鞋几乎已经成为女性正装的必

这双晚礼服凉鞋是普拉达（Prada）2012 年春夏精品的一部分，灵感来自 20 世纪 50 年代的豪华汽车设计。意大利，普拉达出品，2012 年

需品。这些高跟凉鞋不会让人联想到贫穷或者脱离尘世；确切地说，全空高跟凉鞋说明了凉鞋与过度东方化或古典化之间的长期联系。迄今为止，最昂贵的鞋子是斯图尔特·韦茨曼（Stuart Weitzman）制作的一双高跟鞋，上面装饰着珍贵的宝石，据说带有价值超过 100 万美元的钻石。男人的正装将除了头和手之外的几乎每一寸皮肉都遮住，而妇女的正装则使脖颈、胸背、胳膊和腿的大部分裸露在外，而且通常还会穿露脚的晚礼服凉鞋。男女正装的显著差异，反映了许多传统性别习俗的延续，并使这些凉鞋成为当今西方时尚中性别化程度最高的鞋类物品。

第 二 章

靴子：群体认同

靴子！在我看来，这个简单的词体现出一种非同寻常的东西。我认为，它传达的理念是一种可靠、力量、敏捷、耐力和个人能力，描绘了我们天性中所有充满活力和积极的特性。

——《家庭箴言》周刊，1855 年

大多数情况我们不需要靴子，对吗？这只不过是一种浪漫的画面。除非去打仗或耕地，否则靴子很难派上用场。靴子真的太好看了。这一切都跟虚荣有关。

——《买靴子》，选自《时尚》杂志，1993 年 8 月 1 日

靴子，让人类能够在充满挑战的环境中繁衍生息，征服敌人。长期以来，人们用靴子宣示权威，既象征着英勇无敌，也暗示着威胁恐吓。靴子一直是行进的军队、孤独的牛仔、自私的花花公子、排外的光头仔和漫画超级英雄配备的用品。靴子也是女性时尚的体现，能够突出腿部，使腿变成欲望的对象。在西方时尚中，传统上只有男性才穿靴子。过去多年间，马靴不仅能体现拥有马的身份，而且一直是军事力量和上层阶级特权的象征。相比之下，工作靴则一直是体力劳动和粗犷刚毅的象征，后者跟"传统价值观"和男子汉气概密切相关。一个群体的成员都穿上靴子，还能增强凝聚力，无论是军事层面还是反主流文化，都是如此。自 20 世纪以来，靴子作为日常着装已经基本丧失其实用功能，成为身份和时尚的装饰。

靴子可以被定义为脚和腿的一部分的覆盖物，虽然穿靴子者自古有之，

（左图）据说，这双靴子的主人是拿破仑三世（Napoleon Ⅲ）的御马官，他掌管皇家马厩。穿靴子表面上是为了履行职责，但是这双靴子设计得很窄，令人难以置信，因此他真正关心的是时尚。法国，19 世纪末

但直到 16 世纪才成为男性时尚的重要配饰。随着西方世界的扩张，靴子成为军事冒险和全球探险者制服的一部分。穿着紧身靴和精美衣服的男子画像，反映出不断扩大的世界所产生的影响。1606 年托马斯·德克尔（Thomas Dekker）抱怨说：“英国人的套装就像叛徒的尸体，被绞死后开膛破肚切成四部分，在几个地方示众：他的下体遮片在丹麦，短上衣的领子和腹部在法国……他的靴子则是波兰给的。”[1] 他说得没错：当时与更广阔的世界接触，正在改变英国人的着装方式，包括他们穿的靴子。德克尔提到的波兰靴子与英国和波兰及波兰以东的国家贸易增长有关。的确，鞋跟是通过西亚引进西方时尚的，后来大约在德克尔发牢骚的时期，鞋跟添加到了男士马靴上。

17 世纪早期，最时尚的靴子是用细绒面革制作的，绒面革垂在脚踝四周，靴筒可以拉到膝盖以上，但是通常会向下挽起形成大的筒口，上面经常饰有蕾丝边靴袜（穿在蕾丝长袜外面的亚麻短袜，用以保护昂贵的长袜免遭损坏）。英国作家托马斯·米德尔顿（Thomas Middleton）在 1604 年写的一篇故事中，评价了一位趾高气扬的勇士的靴子：“我低下头，看见一双奇怪的靴子……布满人工皱褶……仿佛最近浆洗过，刚从洗衣店拿回来。”[2] 这个年轻人刻意追求和实现的优雅皱褶状态，反而使他沦为笑柄——显然，他的打扮既不适合工作，也不适合战争。到 17 世纪中叶，一股骑士风席卷男士服装，其中包括对奢侈靴子的嗜好。[3] 数个世纪后，这种靴子开始与海盗联系在一起，他们对所有道德和服装规则的藐视令人感到刺激。[4] 这种脚穿水桶靴的侠盗形象是不准确的；这种风格在 17 世纪末就从流行时尚中消失殆尽。那个时期的图画描绘的海盗总是穿着鞋子，而不是靴子，当时关于海盗的文字根本没有提到靴子。到该世纪末，靴子在时尚界已经很少流行，又回到了过去，主要还是骑马时穿。黄油绒面革换成了厚皮革，而且常常是经过硬化增厚的皮革（这种皮革通常是通过水煮增厚），所有穿靴子装优雅的伪装都被抛弃了。[5]

18 世纪，乡绅开始穿更轻便、更光亮的靴子作为日常时尚，于是靴子再度流行。这种风格最初起源于英国，但很快就传遍了欧洲大陆和北美，这是一种界定时代的设计风格。起初，有些人不赞成这一趋势。据说，时髦的博·纳什

这幅画像中，查理一世（Charles Ⅰ）所穿的松垮垮的靴子是 17 世纪前几十年优雅男士时尚的巅峰。丹尼尔·迈腾斯（Daniël Mijtens），《英国国王查理一世》，1629 年，布面油画

（Beau Nash）就曾经要求男人放弃靴子，穿上鞋子和长袜，试图以此"教化"豪华的温泉胜地巴斯。18 世纪中叶，巴斯是英国最时髦的地方，这一点唯有伦敦能与之相提并论。纳什极尽嘲笑之能事：

> 为推动胜利，他举行了一场木偶戏。在戏中，潘趣（Punch）以乡村乡绅的身份，穿着靴子带着马刺登场……［女主人］要他脱下靴子。"我的靴子！"潘趣回答说，"为什么，夫人，你还不如叫我把腿扯下来呢！我可不能不穿靴子。"[6]

尽管纳什试图阻止人们穿靴子，但是潮流已经逆转。乡绅的面貌标志着

（上图）高筒靴（top boot），是一种马靴，顶部皮革颜色差异大，在19世纪上半叶很受富裕男性欢迎，至今仍是一种骑马时尚。法国，19世纪

（左图）这款靴子由"增厚硬化"的坚硬皮革制成，带有叠层鞋跟。它显然是为在恶劣环境下骑马而设计的。英国，1690—1710年

大人送给小男孩靴子，纪念他们进入少年时代，这是他们许多人引以为豪的时刻。参见纳撒尼尔·柯里尔（Nathaniel Currier）出版的《我的新靴子》。美国，约 1856 年

关于男性工作特权世袭的观念发生了深刻变化。"人人生而平等"等革命性思想要求重新诠释男子气概，且不再偏爱特权出身，而是转而追求将不同社会经济层次的男性团结起来的理想。而且将男子气概与工作联系起来的思想已经开始确立。穿马靴便代表着这些新思想，哪怕与此相关的工作是管理一个人的家产。到 18 世纪末，一种明显的简约风格也开始定义法国时尚，时髦的马靴成为许多男士服装的标配。

到 19 世纪初，靴子已经成为绅士服装的骄傲："也许还有其他象征男子汉气概的衣物，但是没有一件能像靴子一样让男人感到骄傲。"[7] 男人通常是在儿童时期才拥有第一双靴子，标志着他从幼年到青年的转变。靴子在男性时尚中的地位举足轻重，因此除了最正式的场合，男子脚上穿的主要就是靴子。1808 年，英国幽默作家爱德华·杜波依斯（Edward Dubois）这样讽刺靴子的

无处不在：

> 普遍穿靴子，只是从目前这一代人才开始，我们的民族性格由此焕然一新。我们的祖先，受古训的误导，从来没有想过不骑马还可以穿靴子。[8]

当时是军国主义时代，革命和帝国主义都需要靴子。华丽的黑森靴（Hessian boot）之所以流行，部分是因为在法国大革命时期，马裤是与长袜和鞋子搭配穿的，鞋子通过闪闪发光的扣子固定在脚上，结果大革命却使得这种装束成为一个与贵族无节制和男子气概衰弱有关的政治问题。于是，长马裤搭配靴子在法国大革命后开始流行。鉴于其设计目的是塑造优雅的长腿，长马裤要求把一条跟裤脚相连的带子系到脚下。通常，长马裤要塞进贴身的黑森靴中，靴子顶端呈曲线状，靴子总是擦得像玻璃般光亮，经常饰有刺绣和丝绸流苏。成为时尚的黑森靴，由于是贴腿穿，显得小巧利索，结果却成了人们既渴望又嘲笑的焦点。乔治·克鲁克香克（George Cruikshank）在1842年的《文集》中有一篇幽默文章，讲到了作者酷爱的一双黑森靴，他只是简单地"穿上靴子，跷着二郎腿，盯着最喜欢的腿"，希望自己是一条蜈蚣，这样就可以同时穿上50双黑森靴。文章还提到一位法国靴匠，据称他是"一位令人难以置信的天才，制作了一双靴子，即使大拇指汤姆小时也无法穿上，就像灰姑娘的姐姐无法穿上那双神奇的拖鞋一样"。[9]针对当时把黑森靴做得太小这一风气，作者通过这个故事表示赞赏之余，也不忘幽默一把。黑森靴是军靴，但是花花公子也在穿。在男装日益统一的时代，黑森靴注定要遭到淘汰，结果很快就被威灵顿长筒靴（Wellington boot）取而代之。

1815年，英国第一代威灵顿公爵阿瑟·韦尔斯利（Arthur Wellesley）在滑铁卢一举击败拿破仑，成为赫赫有名的战争英雄。威灵顿长筒靴，就是以他的名字命名的。这款长筒靴没有过多的装饰。威灵顿在给鞋匠乔治·霍比（George Hoby）的一封信中写道："你上次给我送来的靴子，腿肚子那儿太小了，靴筒也短了大约1.5英寸。请按照我的意见改一改，再送两双过来。"

　　这款黑森靴，后跟细小，装饰奢华，跟长马裤搭配将是不二之选。在19世纪早期，军事时尚大量借鉴东欧服饰，包括华丽的刺绣和靴子上的流苏。这款靴子可能是匈牙利制作，时间为19世纪早期

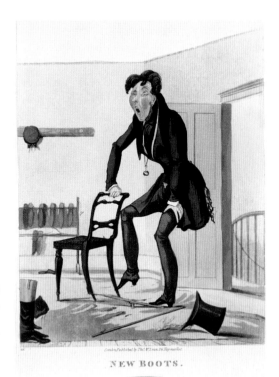

NEW BOOTS.

19 世纪早期，时尚男士想塑造优雅的穿靴子形象，他们的靴子非常紧，而且经常太小。M. 埃杰顿（M. Egerton）1827 年的这幅漫画《新靴子》呈现的就是这样一款靴子

尽管一些历史学家从这封简短的信件中推断出了很多内容，但是目前还不清楚这种靴子到底是什么样子。威灵顿长筒靴更松一点，不像黑森靴那样紧贴着腿，但是韦尔斯利本人是否对设计这款与他同名的靴子进行过指导，仍然不得而知。威灵顿长筒靴缺乏装饰，更容易穿在正在取代长马裤的裤子里面。但是，如果愿意，也可以把裤腿塞进靴子里。

　　威灵顿长筒靴可能因为其实用性受到欢迎，但是与其他靴子一样，也意味着一笔不菲的开销。短筒靴（Ankle boot）的价格较低，最终取代了威灵顿长筒靴。19 世纪 30 年代末，英国鞋匠约瑟夫·斯帕克斯·霍尔（Joseph Sparkes Hall）发明了一款侧面带三角形松紧布的议员靴（Congress boot），结果深受男性和女性的青睐。低帮缚带靴（Highlow）的定义是"脚的覆盖物，称为鞋子太高，称为靴子则太低"。它依靠带子束紧，也很受人们的欢迎。[10] 和威灵

1837 年，英国鞋匠约瑟夫·斯帕克斯·霍尔发明了鞋用弹性衬料，使得靴子穿和脱都很方便，同时也能保持靴子的优雅轮廓。可能诞生于英国，约 1860 年

顿长筒靴一样，它也是以一位军事英雄的名字命名的，他就是在滑铁卢与威灵顿并肩作战的普鲁士元帅格布哈德·莱贝蕾希特·冯·布吕歇尔（Gebhard Leberecht von Blücher）。据说，布吕歇尔要求为步兵提供一种战靴，能够穿得快，而且能适应不同宽度的脚。这种款式大获成功，在 19 世纪和 20 世纪，数以百万计的步兵都穿着不同版本的布吕歇尔靴走向战场。劳动靴（brogan）是爱尔兰和苏格兰部分地区一种传统的结实耐用的工作鞋靴，brog 在盖尔语中是鞋子的意思。劳动靴的结构与布吕歇尔靴相似，但是质量通常较差。在美国，这种廉价的工作靴对制鞋工业的发展至关重要，因为大量的工作靴都是为美国南部和西印度群岛的奴隶制造的。[11] 除了工厂进行批量生产，到冬季月北方的农民也开办家庭手工业，生产这种靴子。

这些特别便宜的"黑人劳动靴"是用硬邦邦的皮革粗加工制成的，这种皮革经常会刺穿人的皮肤。关于奴隶生活的描述往往包含这样的回忆：需要

威灵顿长筒靴在 19 世纪早期开始流行，至今仍然是一款经典之作。这种长筒靴靴口通常是平直的，但有时前面或后面可能会有个尖头，如图所示。这双靴子是由英国制靴商福克纳公司（Faulkner & Sons）生产的。英国，1918—1930 年

在新靴子里塞进破布防止受伤，还会在靴面涂上油脂使之更加柔软。[12] 大多数奴隶的靴子都不合脚，且一年只配备一双，但是劳动靴市场很大，这对美国北方的制鞋商来说是个福音。1854 年，有一篇英国的报道说：

> 这种被称为"劳动靴"的靴子，粗制滥造，数量庞大，是为南方的奴隶生产的，……北方的制造商……没有什么理由希望奴隶制度尽快结束。[13]

掌握制鞋技术的奴隶，售价往往很高，这也反映出一些南方人想不顾一切地在当地发展制鞋业。曾经当过奴隶的西塞莉·考森（Cicely Cawthon）回

据说，安德森威尔（Andersonville）臭名昭著的南部邦联监狱的一名狱警穿过这双劳动靴，它反映了美国内战期间从 1863 年到 1865 年鞋子的状况

忆说，她的"主人"拥有的第一个奴隶是个鞋匠："他们为他支付了一大笔钱……他大概和铁匠一样值钱。我不记得他们为他付了多少钱，但是肯定是花了一大笔。"[14] 尽管南方人想在当地生产鞋子，但是它仍然被北方所垄断，而且内战刚一开始，整个南方就强烈地感觉到鞋子的匮乏。

在整个 19 世纪，人们觉得有钱人无论穿什么款式的靴子，都应该擦得锃亮。据说，英国花花公子博·布鲁梅尔（Beau Brummell）让仆人用香槟给他擦靴子，希望看上去布满应有的光泽。尽管这种说法可能是杜撰的，但是把鞋子擦亮的重要性不应被低估。大城小镇都是肮脏之地，靴子经常弄脏。在家里，富人可以吩咐仆人把靴子擦得锃亮；在街上，可以支付微薄的报酬让擦鞋童提供服务。要求靴子一尘不染，却让一些人感到了厌烦。1886 年，"一个受害者"在《生活》（Life）杂志一篇名为《靴子敲诈》的文章中抱怨："一个人的靴子沾上污渍，说明他的性格有污点吗？为什么传统的黑色光泽比富有情趣的泥土颜色更好呢？既然社会不反对一个人头脑未开化，为什么要坚持让他的脚油光锃亮呢？"[15] 然而，那些无视油光锃亮时尚的男人却非常容易遭到

这张内战时期联邦士兵的照片展示了不同款式的鞋子。左边两个人穿的是靴子，可能是威灵顿长筒靴。中间握枪者穿的是柏林工作便鞋（Berlin work slippers），最右边那个穿的是劳动靴。《哥伦比亚特区卡梅伦训练营纽约州第七民兵团》，1861年

批评，说他们不仅衣着邋遢，而且性格也低劣。因此，在整个19世纪，擦鞋童仍然是必不可少的时尚工作者：

> 你抬着头，一边穿过拥挤的街道，一边直视前方，看到的是社会上层……在成人活动的空间下方约2英尺处，活跃着一群男孩，他们像激流一样在人群中流动……你不妨低下头，看看这些默默无闻的擦鞋童。他们指着你溅满泥水的靴子提醒时，你一定要低头看一眼。[16]

擦鞋童一贫如洗，无家可归，常常赤裸双脚。他们散落在城市的各个地

方，由于工作性质，容易受到虐待和剥削。社会的焦虑往往集中在他们身上，这一点首先体现在许多文章和书籍中，如霍雷肖·阿尔杰（Horatio Alger）的《衣衫褴褛的迪克：纽约擦鞋童的街头生活》（1867）；二是体现在创建贫民儿童免费学校上，这些学校先后在英国和美国建立，旨在教育这些儿童，改善他们的生活条件，为他们提供机会。"擦鞋帮"（bootblack brigade）是一个慈善组织，它们把擦鞋成员挣来的钱集中起来，利用这些资金把小男孩送到澳大利亚和加拿大等大英帝国的偏远地区：

> 航海生活，只属于勇敢的男孩……因此，趁着这些早熟的孩子还没有真正被惯坏，把他们控制起来，培养成勇敢出色的水手。他们远离了常去的老地方，离开了小伙伴，在一个机会均等的地方开始新的生活；现在，孩子们在船上受到的待遇比前几年好多了。[17]

相对而言，靴子在女装中算得上是新生事物。18世纪末，沿着滨海大道漫步或者在购物街流连忘返成为一种时尚，这时一些女性就已经开始穿前系带短靴，但直到19世纪，靴子才完全融入时尚女性服饰。就像19世纪头几十年各地流行的平底凉鞋一样，由精致布料制成、覆盖脚踝的侧系带靴子也很难抵御恶劣的天气，但是与那些凉鞋不同，有些人认为这种靴子是端庄的象征。在英国，这种靴子被称为阿德莱德靴，用来纪念威廉四世（William Ⅳ）不苟言笑的王后。据说，这位王后有点拘谨。随着钢笼裙衬的发明，靴子甚至更加重要。钢笼裙衬的优势，在于不需要穿多层衬裙就能塑造出宽大的大摆裙轮廓，但是稍一运动，钢结构就会使裙衬飘起来，露出女性的双腿。一位喜欢这种裙衬的人打趣道："它的优点是，轻轻一动就能露出脚踝，动作稍快就会露出膝盖，不用说刮风的日子，即使快速转动，身体也会露出更多。"但是，另一位评论者却不无担忧地写道："此前，谁知道在雷丝和平纹细布的对称褶皱下面隐藏着什么样的罗圈腿、火鸡腿和内八字脚呢？"[18]

在当时，"美丽的脚踝"一词往往就足以展现女人的所有魅力，靴子要

　　这张照片所配文字是："迈克尔·梅罗（Michael Mero），西4街2号擦鞋匠，12岁，自愿
工作一年。不抽烟。5月21日晚上11点以后出工。通常每天工作6小时。地点：特拉华州威尔明
顿市（Wilmington）。"照片旨在说明擦鞋匠并非社会弃儿，他们不仅上进，而且守纪律、有抱负

　　这双深绿色的缎面"阿德莱德"（Adelaide）靴，如果遇到恶劣天气，提供的保护非常有限，但是确实可以盖住脚踝。欧洲，约 19 世纪 40 年代

么用来掩饰脚踝的缺陷，要么用作美丽的装饰。到20世纪下半叶，前系带和侧系带的靴子在时尚界已经占据重要地位，靴筒也悄悄地沿腿攀升。紧身胸衣束缚并突出了躯干，而这些特别贴身的靴子凸显了脚和小腿的形状。1858年，洛拉·蒙特兹（Lola Montez）在《美的艺术》一书中，讲述了这样一个故事：

> 著名的韦斯特里斯夫人（Madam Vestris），曾经每天早晨都让人把白缎靴子缝在脚上，好让靴子完全适应她脚的精致形状……据说，她用脚征服的人，比用脸征服的还多，尽管她也貌美如花。[19]

那些不愿如此走极端的人，可以求助法国制鞋商让–路易·弗朗索瓦·皮内（Jean-Louis Francois Pinet），他制作的靴子在当时最受欢迎。1888年的浪漫短篇小说《沙滩上的脚印》就是以一双皮内设计的靴子为主线。一位求婚者在沙滩上看到一双小靴子留下的印痕后为之倾倒：

> 在沙滩上留下脚印的，绝非清秀的威尔士胖姑娘。兰达维德（Llandavid）的女性居民肯定没有为了赶时髦穿巴黎的靴子，她们对皮内这个名字闻所未闻。我开始怀疑什么样的女人才拥有这样的小脚……我梦想着漫步，心中萦绕着一个人影，她身材娇小，体形优美，有仙女般的手和脚。[20]

许多皮内靴上的精美刺绣，让人觉得是仙女的杰作，但其实是制造商雇用700名刺绣工人每天辛苦劳动的结果。这些刺绣工人做的是计件工作，这意味着她们是按照加工的鞋帮计酬，而不是按小时。十有八九，她们每天工作很累，工时很长，但是工资微薄。她们的刺绣在准确表现植物和细节方面令人惊叹，然而即使倾尽全力，这些妇女仍然买不起一双皮内靴。相反，她们会穿批量生产的皮靴，可能还会点缀着一点机器刺绣，或者从二手服装商那儿购买靴子。她们会把需要修理的鞋子送到无数失业的鞋匠那里，这些鞋

匠受工业化的影响被迫以补鞋为生，不再制作鞋子。

随着世纪的推移，女性的脚和包括靴子在内的鞋子，变得日益色情化，而且不分阶层。英国和法国上流社会的女性热衷于把腿和脚做成石膏模型，就反映了这一点。1870 年，费城《晚间电讯报》刊登的一篇文章报道了这一潮流：

> 有一位女士是外地市长的妻子，她来到伦敦，为她的腿做了两个石膏模型——一个是裸露的，另一个穿着整洁的小鞋、长筒袜和吊袜带。说来奇怪……与裸露的腿相比，穿长筒袜和吊袜带的腿显得更不端庄。[21]

与该作者的观点相似，当代情色作品出现了一种塑造穿鞋裸体女性的趋势。这种比喻使女性的鞋子在幻想和现实生活中都进一步情色化。

靴子的物质性也成为色情的焦点。因此，在这个时候出现恋物靴不足为奇。英国作家弗雷德里克·洛克 - 兰普森（Frederick Locker-Lampson）的诗歌《我情人的靴子》中写道：

> 哦，猎人究竟是从哪里
> 得到这么漂亮的毛皮，
> 保护她的双脚？
> 你这只幸运的小山羊，
> 为了我爱的人你已死亡，
> 再也无法奔跑！

精神病学家理查德·冯·克拉夫特 - 埃宾（Richard von Krafft-Ebing）于

（左图）这双优雅而昂贵的红宝石色靴子，由巴黎制鞋商弗朗索瓦·皮内设计，中性的"小麦色"丝绸制成的花朵和涡纹饰为其增添了内敛但不失华丽的装饰。法国，约 1875—1885 年

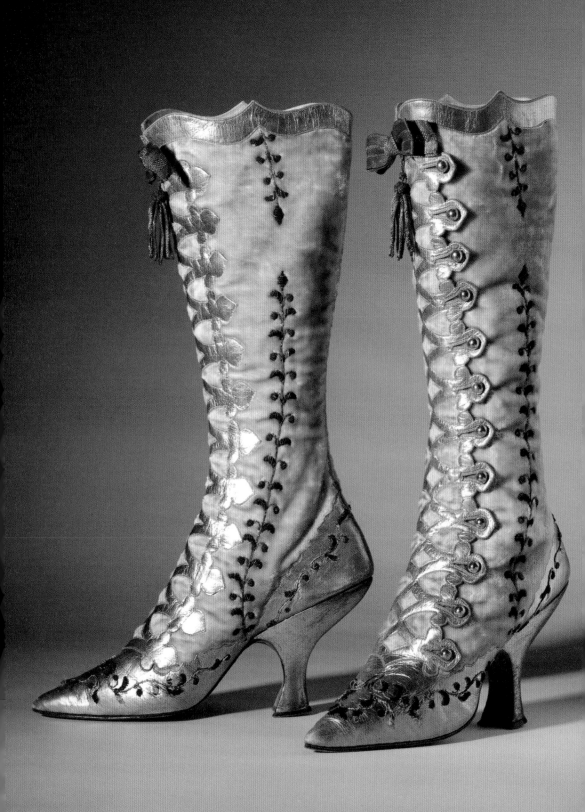

1894 年出版了一本关于性行为的参考书《性精神疾病》，收录了一些恋鞋癖或者更常见的恋靴癖的案例研究。据一位"病人"说："在许多卖淫场所，男人的这种变态行为是众所周知的——这足以证明这种情况并不罕见。"[22] 一些病人会简单地说自己心仪的靴子是高雅的，但是另一些病人则明确表示自己想要皮靴；有人甚至幻想用于制作靴子的动物被残忍杀死的场景。[23]漆皮或抛光皮革的光泽也经常受到狂热者的评论，直到今天，它仍然是恋物靴的主要特征。

恋物靴满足了非常具体的市场需求，但在世纪末，时装靴也融入了许多性感元素。鞋跟加高了，靴筒也升高了，现在的靴筒紧紧地箍住脚踝和小腿。有些靴子的设计，看起来就像穿着鞋袜的腿，给人一种瞥见禁忌腿的感觉。其他的靴子，比如巴雷特长筒靴（barrette boot），设有袢带或镂空，可以看到真正穿袜子的腿。这些款式，不仅让靴子更加性感，而且预示着女性服装将在短短几十年内发生深刻变化，到时靴子被抛弃，穿袜子的腿将得到充分展示。

妇女参加体育运动的日益增多，这也证明了时代在发生变化。不管是打网球还是打高尔夫球，只要有机会，19 世纪末的许多女性都会积极锻炼，呼吸新鲜空气。自行车的发明，让女性特别感兴趣。她们许多人满腔热情，开始骑自行车，享受由此带来的行动便利。看女性骑蹬地脚踏车（自行车的旧称）的震惊，丝毫不亚于看女性骑马穿什么衣服。20 世纪早期，女权活动人士所穿的高度政治化的灯笼裤，曾引起轩然大波，如今已成为体育活动的时尚选择。然而，不像最初的款式那样到脚踝处逐渐收窄，自行车灯笼裤只到膝盖，露出了令人震惊的小腿，只不过被长筒袜和常常穿的靴子给遮住了。然而，正如一位记者所言，许多人都觉得"无论哪个女人，穿上宽松丑陋的荷兰裤，看上去都不会很漂亮"[24]。许多女性只是在远足时穿鞋，但是其他一些人会穿

（左图）这双靴子的设计看起来像一条只穿袜子的腿。旁观者只要看一眼靴筒，就会心向往之。瑞士或德国，19 世纪 90 年代

这幅漫画讽刺了女性对自行车带来的便利和自行车着装的痴迷。弗雷德里克·伯尔·奥珀（Frederick Burr Opper），《"新女性"和自行车——女性呈现的几种新面貌》，《帕克》，1895年6月19日

特别设计的自行车靴，织物靴筒用鞋带系到膝盖处，可以更好地抵御恶劣天气，挡住窥视的目光。然而，不管穿什么衣服，自行车都给女性提供了新的自由，甚至是新的浪漫机会："现在，想逃避父母监视的情侣，可以骑着自行车，卿卿我我地步入婚姻的殿堂了。"[25]

女性可以骑自行车的想法很快扩展到了骑马。《体育》杂志在1892年注意到了这一现象后指出："骑自行车在女性中越来越受欢迎，这使得女性更有可能接受成为骑士的观念。"[26]尽管一些女性在20世纪初之前已经跨骑，但是对女性来说，更传统的骑法是使用侧鞍骑马，腿端庄地垂在马的一侧，藏在她们的长裙骑装下面。尽管女性至少从19世纪70年代就在骑装下面穿

这双马靴是英国靴子制造商汤姆·希尔（Tom Hill）制造的，供戴安娜·钱普（Diana Champ）跨骑使用。英国，20世纪30年代

有些妇女骑自行车时用护腿，另一些则穿自行车专用靴。英国，1895—1905 年

裤子，但是跨骑要求穿的裙子更短。这种新款骑装会露出穿裤子的双腿，而双腿总是用男性化的齐膝高筒靴或屠夫靴遮住。19 世纪 60 年代末，从印度和阿富汗服役归来的英国士兵首次将马球运动引入英国，马球运动的日益流行也引入了短马裤（jodhpur）。到 20 世纪初，最大胆的女性已经放弃了穿裙子的习惯，换上了短马裤和光滑的高筒马靴。

对男人而言，及膝长靴到 19 世纪末已经不再流行。骑马正在被机械化运输方式所取代，在欧洲和美国东部，马术迅速成为主要的休闲活动，不过应该指出，汽车司机，尤其是穿制服的司机，还有骑摩托车的人，继续穿骑手风格的时装，包括短马裤和马靴。短筒靴依然流行；许多都采用织物鞋帮，就像假鞋罩一样，但是此时鞋子才是男性权威和勤劳的象征。光亮的封闭式襟片牛津鞋、开放式襟片德比鞋（derby）和布洛克鞋突然流行起来。布洛克鞋要么是牛津鞋，要么是德比鞋，令人感到迷惑。布洛克鞋（不要与粗糙的短靴混淆，但都是工作鞋，所以二者还是有关联，不过，是白领鞋而非体力劳动鞋）只不过是一种有布洛克特征的鞋，即雕花镂空和锯齿边。

然而，在美国西部，马和靴子在现实和想象中仍然至高无上。牛仔是美国最经久不衰的偶像之一，可以追溯到 19 世纪下半叶。尽管牛仔给美国人的心灵留下了不可磨灭的印象，但是在美国历史上牧牛时期相对较短。19 世纪 60 年代末到 80 年代，随着铁路逐步深入西部平原，牛仔开始驱赶牛群送牛。"铁马"会把牛运到芝加哥等城市的牲畜饲养场进行屠宰，所以牛仔赶着成千上万头牛，穿越几百英里，前往铁路终点，不仅又脏又累，而且需要结实的靴子。最早的牛仔靴其实是暂供民用的军靴。从照片上看，这种靴子大多数都与美国内战时期的相似：简单的方头威灵顿靴，也许还混有一两双黑森靴。早期的银版照相法和牛仔的照片显示，他们穿的靴子五花八门，大多数都很简单。有些人认为，在到达堪萨斯的铁路终端后，牛仔们会用辛苦钱购买定制的靴子等奢侈品，正是这些靴子催生了现代牛仔靴（cowboy boot）。这种说法不无道理。在堪萨斯州的第一个牛镇阿比林（Abilene），有一个名叫托马斯·C. 麦金纳尼（Thomas C. McInerney）的靴匠，他在 1868 年创建了鞋厂，提供靴

"Let them speak for themselves

　　正如这则斯泰森（Stetson）鞋广告所证明，在 20 世纪头几十年，靴子已不再受到青睐，经典的牛津鞋或德比鞋开始成为优雅男士的选择。美国，1924 年

子定制服务。到 1870 年，有 120 多个靴匠在堪萨斯制作各类定制鞋，既有套穿牛仔靴，也有系带驮队工装靴（packer boot）。[27] 今天最著名的牛仔靴制造商，其历史可以追溯到开放牧场（open range）时期。1875 年，海尔皮靴公司（Hyer Boot Company，最近更名为奥拉西皮靴公司）在堪萨斯州的奥拉西（Olathe）开业，而不久之后，贾斯廷皮靴公司（Justin Boots）则于 1879 年在得克萨斯州的西班牙堡（Spanish Fort）成立。[28] 一些早期牛仔故意不用脱靴器，确实有点趾高气扬的样子。到 19 世纪 80 年代，鞋跟明显增高，但是风格成熟和装饰讲究的牛仔靴，要等到牛仔竞技冒险表演时期去发明，要依靠好莱坞去普及。

如果说铁路造就了牛仔，那么它也导致了牛仔的终结，因为铁路运输在全国越来越普及，长途赶牛也随之结束，再也不必长途跋涉了。带刺铁丝网的发明和 1890 年西部边疆的关闭，把开放牧场的牛仔变成了挣工资的农场雇工。然而，这些开放牧场民间英雄的顽强个人主义的传奇故事继续在媒体上延续。《帕克》杂志刊登了一篇幽默文章，讲述一个美国东海岸人要去怀俄明，结果做准备时受了误导。文章描述了许多人对牛仔的看法：

> 在那些准州有两类人——"牛仔"和"新手"。有些"牛仔"不是职业小偷、杀人犯或者各种工贼……但是他们完全无视东部文明的一切便利，不懂克制……不遵守任何法律，放纵自己的狂野激情……夹在他们中间的"新手"，首先应该购买双倍人寿保险，然后确保自己"腰缠万贯"。[29]

狂风肆虐的平原失去了一头头野牛，有威胁的"野蛮"勇士也被迫迁徙到了保留地，而牛仔英雄的神话却激发了美国大众的想象力。廉价小说讲述了野牛比尔·科迪（Buffalo Bill Cody）等人物的英雄事迹。到 1872 年，野牛比尔穿着剧场版拓荒服装，化着舞台浓妆，在舞台上再现了自己的英雄事迹。到 1883 年，他开创了著名的"西大荒演出"（Wild West Show），并到各地巡演，体现了后来牛仔竞技表演的元素，所穿的服装也都是精心制作。之后三十年间，

除了几双高跟鞋外，照片中牛仔所穿的大部分靴子都是普通的耐穿靴子。C. A. 肯德里克（C. A. Kendrick），《一群牛仔》，约 1904 年

这种"半马戏表演、半历史功课"让美国和欧洲的观众兴奋不已。[30] 仔细观察服装照片会发现，精心制作的标志性牛仔靴在当时还没发明出来；即使野牛比尔本人穿的也是用未装饰的皮革制成的过膝长筒马靴。

20 世纪初，许多人成群结队地去看西大荒演出，同时更多的人则前往电影院，观看盛行的西部主题电影。其中，1903 年的《火车大劫案》被认为是第一部叙事性电影。这些黑白电影真实地塑造了牛仔的形象——要么是奉行"牛仔规范"的英雄，要么是被剥夺公民权的"行动自由者"，变成了骑马的强盗。跟行为一样，服装也是区分英雄和恶棍的关键因素，而在这种银屏道德剧中牛仔靴也非常重要。

如果说 20 世纪初西大荒的牛仔靴表达的是无拘无束的自由，那么妇女参政论者所穿的纽扣靴（button boot）及其男装风格，则反映出女性越来越渴望

106

这张野牛比尔·科迪与坐牛（Sitting Bull）的合影，旨在宣传他的西大荒演出。从图中可以看到他的过膝长筒靴。威廉·诺特曼（William Notman）工作室，《坐牛和野牛比尔》，1885 年

更多的自由。在 20 世纪前几十年，妇女上街游行，抗议自己被排除在政治进程之外。她们示威时所穿的靴子，就像这些女性自己一样，在可接受的抱负和严重犯错之间保持着一种文化平衡。事实上，妇女参政论者的着装选择，跟她们所倡导的政治变革一样，都受到了严格审查和批评。最常见的谴责是，这些争取妇女参政的女性要么太过男性化，要么太过女性化，这两种评价都认为她们没有能力参与政治。许多女性参政权倡导者试图走中间路线：她们穿上显示女性气质的中跟靴，上面装饰着暗示能力的男装细节。然而，这并没有让反对者平息下来，妇女参政论者经常遭到讽刺，说她们在野心和着装方面过于男性化。这些妇女参政论者脚穿男式靴子，鼓动着争取投票权，这时"一战"爆发，引发了一股以军装为灵感的女装潮流，她们穿更短的裙子，搭配更高的靴子，目的是把腿遮住。然而，战争时期对材料的限制很快就降

低了女性靴子的高度，等到战后，靴子就几乎被彻底抛弃了。

战争的爆发，让许多男人重新穿上了靴子。双方的军官都穿着马靴奔赴战场，马靴仍然是军事力量和精英骑术的传统象征。大多数士兵都穿着系带短靴，如带绑腿的布吕歇尔短靴，长布条紧紧地裹在小腿上。德国士兵穿的是及膝长筒军靴（jack boot），与威灵顿长筒靴类似，但是所用的皮革沉重、厚实、坚硬，靴底配有金属钉，这使得他们的军装独一无二，与盟军截然不同。德军所到之处，都会发出一种可怕的声音，让对方感到威胁步步逼近。1914 年 4 月 20 日，著名的美国记者理查德·哈丁·戴维斯（Richard Harding Davis）目睹了德军入侵布鲁塞尔的情景：

> 看到敌人的前几个团，我们兴致勃勃。他们排成青灰色纵队，连续不断地行进了三小时，我们看得有些厌烦。但是，时间一小时接一小时地过去，队伍没有停顿，没有休息时间，没有留出空当，让人觉得不可思议，非人类所为。你再次回来观看，却被深深吸引。就像雾气，越过大海，向你滚滚而来，充满神秘，令人恐惧……整整七小时，纵队不断行进，没有任何出租车或有轨电车穿过城市。就像一条钢铁之河，滚滚流淌，灰蒙蒙如同幽灵。随着暮色降临，只听见哒哒的马蹄声和铮铮的铁靴声，似有千军万马，步履沉重，奔向前方，在石头上擦出点点火花，但只见火花，不见人马。[31]

戴维斯的叙述让人如临其境，产生许多现场目击者的共鸣。

战争年代给制鞋业带来了实惠，尤其是在美国和英国，但是战争各方给士兵配备的鞋子大多数都不合格。[32] 这些鞋子制作粗糙，不适合艰苦的行军、泥泞的战场或水淹的战壕。脚穿无衬里的劣质靴子的士兵，非常遭罪，水很容易渗进去，地面的寒冷也会顺着鞋钉传到脚上，有时还会把他们的脚冻坏。缺乏合适的鞋子、恶劣的居住条件，都是战争面临的老问题，但是在"一战"的头几年，这些问题还是难以克服。从前线传来的一个个故事，都凸显了靴

这张沾满鲜血的德国军靴宣传海报，捕捉到了"一战"期间敌人的威胁。马刺不仅赋予了画面侵略性，而且也反映了那个年代马在战争中的重要性。约翰·诺顿（John Norton），《阻止德军入侵美国——购买更多自由债券》，约 1918 年

子的重要性，有的故事讲到士兵对靴子的渴望，说他们甚至还明目张胆去偷靴子。[33]《纽约时报》刊登了一篇报道，题为《战壕拉锯战：比利时人脱德军尸体战靴令荷兰人惊恐万分》。文中提到人们迫切需要靴子，年轻的士兵会冒死离开战壕，从死去的德国士兵脚上扒靴子，替换自己穿破的鞋子，以此致敬死者。此情此景，想来便令人心酸。[34]战壕足，最初被认为是士气低落和士兵装病的表现，其实是由于持续潮湿引起的一种足病。如果一直不干，脚上的皮肤就会出现溃疡，使人逐渐衰弱，而且常常会引发感染。战壕足击垮了交战部队的成千上万名战士。从理论上讲，战壕足可以预防，但是在现实中，士兵很难保持脚部干燥。干净、干燥的袜子是抵御战壕足病的一种手段，因此所有交战国家都呼吁编织工人快马加鞭制造袜子。1916年英国发布应对战壕足的军事命令，给士兵提出了典型建议：

> 必须让所有人，尤其是在战壕里的人，每天至少脱掉裹腿、靴子和袜子一次，把脚弄干，用鲸油或冻疮膏进行处理，然后穿上干袜……各级官兵必须把多余的袜子带到战壕……遇到潮湿天气，靴子上都应该涂上油。[35]

穿干袜子，用鲸油对靴子进行防水处理，有助于保持脚部干燥；除此之外，还可以引进威灵顿长筒胶靴。

为了解决战壕足问题，英国和美国把成千上万双橡胶靴配发给了士兵。橡胶靴能防水，但是也存在问题。它们会陷在战壕和战场的淤泥中拔不出来，士兵们经常被迫就地放弃自己的靴子。另一个主要问题是橡胶不透气，汗水会积在靴子里。另外，胶鞋里面要彻底变干，至少需要24小时。然而，不可否认，威灵顿长筒胶靴可以防水，而且订单量巨大。1915年的《纽约时报》报道说，美国橡胶鞋的出口额比前一年增加了10倍，美国参战后需求进一步增加。仅在1918年，美国政府就订购了550万双。英国著名的威灵顿长筒靴制造商猎人靴有限公司（Hunter Boot Ltd）的崛起就源于这一时期，当时陆军

照片中年轻的"摩登女郎"，穿着未系扣的橡胶套鞋，戴着流苏垂饰的帽子，满脸坦率的表情。它捕捉到了20世纪20年代出现的新时尚和新潮流。《一个时髦女郎》，约1922年

部订购了1185036双及膝防水靴。[36]威灵顿长筒靴的确存在问题，但是要强过德军的靴子。人们认为，这些战壕靴为战争的胜利做出了贡献。

到战争结束时，军靴已经不再富有传奇性。无论是男性时尚还是女性时尚，都没有对靴子进行创新改造。"私酒贩"（bootlegger）这个词在美国禁酒令时期可能已经广泛使用，走私酒的人会把酒藏在靴筒里，但是那十年盛行的是翼尖鞋和丁字形搭扣鞋，不是靴子。20世纪20年代初，年轻的时髦女郎掀起了一股穿高筒橡胶套鞋（galosh）的热潮，这种鞋不系扣子，很长的鞋口不断拍打着小腿。受《三个火枪手》（1921）演员道格拉斯·范朋克的启发，这种时尚旨在给服装增添一种虚张声势的感觉。[37]《生活》杂志上一篇关于这一时尚的文章报道说，年轻女性穿的是四扣橡胶套鞋：

不管天气如何，从 11 月到 5 月都要穿。靴口效仿《三个火枪手》朝下翻，代表着年轻或者看起来年轻的渴望。系低处的那个扣，代表端庄的少女时代。系两个扣，表示小心谨慎。系三个扣，则意味着老之将至。[38]

这种潮流持续的时间很短，许多人错误地把"时髦女郎"（flapper）这个词归功于这一时尚的流行。其实，这个词很早就被时尚界用来形容年轻的女孩，说她们是即将离巢的雏鸟。然而，这股潮流确实做了一件事，那就是帮助橡胶靴工业扭转了销量下滑的颓势。

不过，靴子对于休闲仍然很重要。战争结束后，马球比赛得以恢复，狩猎旅行也有人进行了筹划。对美国人来说，战争刚刚结束，不适合前往欧洲度假，于是他们把目光转向西部，在国内寻找乐趣。国家公园和"度假牧场"都成了度假胜地，东海岸的上层社会纷纷去西部探险，消磨时光。为了亲身体验，客人希望从头到脚都装扮成农场工人，只是更加花哨。吃苦耐劳的牛仔所穿的那种普通靴子是不够的；相反，度假者想要的是那种有大量刺绣、皮革镶嵌物、压印图案和皮革嵌花的靴子，就像电影里英雄穿的那种。这些靴子象征着粗犷浪漫，是"假牛仔"（drugstore cowboy）穿的靴子。"假牛仔"一词早在 1918 年就被用来嘲笑那些只是扮演牛仔而不是牛仔的人。《时尚》在 1928 年写道，牧场度假将"有益健康的疗法与成为色彩艳丽的'电影'演员的乐趣"结合在一起。[39] 这篇文章还评论说，尽管度假农场里穿的许多衣服"在家里看着可能过于艳丽……但是只要场合合适，还是颇具吸引力的"。精心制作的牛仔靴，其费用是"足够奢侈的人才可以支付得起的"。[40] 它们的确不是工装，而是昂贵的戏装。

20 世纪 30 年代，美国人对牛仔及其服饰的钟爱，与后来"二战"期间人们对民俗文化和民族主义更广泛的兴趣相吻合。在欧洲，民族身份与农民

（右图）穿这双旧靴子的人曾经当过牛仔，成为农民后仍然打扮成牛仔；开放牧场的传奇色彩体现在靴后跟和马刺上。美国，1940 年

的"传统"工作服联系在一起，但北美没有民族服装，因此"别具一格"的牛仔，凭借其坚定的个人主义和与土地的深刻联系，自然成为引人注目、独具特色的美国象征。20世纪二三十年代的电影充斥着日益美化和理想化的牛仔形象。"唱歌牛仔"这一类型传播的是道德、爱国、责任和洁身自好。[41]牛仔靴是"西部片"的一个重要内容，而西部片对农村和城市的观众都富有吸引力。

另一个在20世纪30年代声名鹊起的美国穿靴子偶像是漫画英雄。从巴克·罗杰斯（Buck Rogers）到超人（Superman），这些英雄都是19世纪刚出现的能力超强的人物，他们身穿红黄蓝三色服装，脚穿中高跟靴子，关键时刻总是力挽狂澜，让人无比钦佩和尊重。然而，尽管这些穿靴子的偶像很受欢迎，但是男士时尚界仍拒绝接受靴子。在20世纪30年代的女性时尚中，短靴在法国鞋履设计师安德烈·佩鲁贾和意大利设计师萨尔瓦多·菲拉格慕的作品中曾短暂回归，他们前卫的设计引起了人们的注意，但没有被广泛采用，因此靴子的重要性仍然十分有限。

然而，在20世纪30年代的色情作品中，靴子确实成了重要元素，高筒紧扣的靴子在恋物癖形象中占据了主导地位。《伦敦生活》等专业杂志曾描绘过女性"施虐狂"，她们穿着系扣或系带的紧身过膝长筒靴，这显然是19世纪的时尚。通常，这些女性也会穿扣子扣得很紧的束身胸衣，就像靴子一样暗示着一个逝去的时代。短马鞭或长马鞭这种常见附件，也象征着不同的时代。被物化的女性施虐狂，穿着明显不是骑马用的皮靴，手里挥舞着鞭子——这种令人困惑的拼凑装扮越来越受欢迎，并最终在20世纪末对流行时尚产生了影响。

从漫画书到色情作品，靴子显然是20世纪30年代流行文化的一部分，人们用它传达一种权力的形象。这恰好是臭名昭著的纳粹制服设计所追求的效果。公众对"一战"中穿长筒靴的德国军队仍然记忆犹新，纳粹党便以这一形象为基础，再次把靴子置于重要地位。他们最臭名昭著的制服是纳粹党卫军穿的制服，党卫军是希特勒的精锐卫队，负责内部安全和实施种族净化。

这双靴子的跟很高，上面带有好看的曲线，靴筒上有一大长串纽扣，让人联想到爱德华七世
时期的靴子。很可能是为恋物癖者或性工作者设计的。可能产于德国，20世纪二三十年代末

这种全黑制服是由平面设计师沃尔特·黑克（Walter Heck）和艺术家卡尔·迪比奇（Karl Diebitsch）设计的。党卫军军官穿着短马裤和光滑的高筒屠夫靴，这一形象会让人想到本世纪早期的军装。靴子在当时的黑白摄影中产生一种强烈的视觉冲击。战争伊始，德国步兵配发的也是靴子。但是，给他们发的不是光滑的马靴，而是行军靴（Marschstiefel）。这是一种很沉的黑色长筒靴，靴底带平头钉，德军就穿着它们在欧洲行军。他们穿上这种军靴，把裤腿掖进去，走着"鹅步"，整齐划一，气势汹汹，威风八面。《纽约时报》报道过纳粹在奥地利曾有一次令人惶恐的行军，冲锋队员高唱着"今天我们征服了德国，明天我们要征服世界"，"炽烈的狂热写在每个人的脸上……冲锋队的小伙子们紧绷着面部肌肉，眼睛炯炯有神，紧握着拳头，迈着正步，僵硬的腿踩得直响，他们的一举一动都迸发出一种狂热"。[42] 穿着靴子的德国军队，让人仿佛回到了19世纪和"一战"时期，让人联想起他们建立帝国的企图。在盟军的宣传中，他们穿的靴子成了压迫的象征。1942年德国因为缺乏资金放弃了行军靴，开始使用系带短靴。即使如此，宣传图片中令人胆寒的长筒靴仍然被用来刺激盟军。

1941年珍珠港遭到轰炸后，美国正式宣战。加入海军陆战队的新兵被戏称为"靴子"，在"新兵训练营"（boot camp）接受训练。训练结束后，这些士兵被派往太平洋、中缅印战区或者欧洲。英国士兵在欧洲大陆、北非、东南亚和中国加入战斗。法国也到处派遣军队。每个地区气候不同，因此需要不同类型的鞋子。就像"一战"期间一样，制造商们再次把精力转向军靴生产。工厂要生产必不可少的军鞋，从皮革到橡胶的所有材料都实行定量供应，因此平民主要是穿由植物纤维和纺织品等非传统材料制成的鞋子。美国军队在战争末期研发的战靴，对20世纪后半期的反主流文化服装和未来打仗所穿的鞋子产生了影响。

1945年战争结束，欧洲开始重建，美国人再次向国家西部寻求灵感。牛仔大摇大摆的风格，符合美国打了胜仗的气氛。度假农场现在甚至成了中产阶级的休闲胜地。牛仔英雄霍帕隆·卡西迪（Hopalong Cassidy）和木偶牛仔

"二战"伊始德国军队穿的靴子制作精良,这双结实的长筒靴便是证明。德国,1939—1942 年

豪迪·杜迪(Howdy Doody)让孩子们目不转睛地坐在电视机前,而纳什维尔(Nashville)的乡村音乐产业则推出了一首又一首《莱茵石牛仔》。西部片也是最受欢迎的电影类型之一。正如电影导演多尔·沙里(Dore Schary)所说:"主导美国银幕的是强壮粗犷的男子汉——就是'一拳一枪解决战斗的那种'。"[43]在这种环境下,牛仔靴变得越来越有魅力。夸大的尖头、夸张的彩色皮革、精致的嵌花,甚至还有真正的仿钻装饰,这些都算不上追求过度。这一时期被称为牛仔靴的黄金时代,在 20 世纪 40 年代末和 50 年代,牛仔靴制作所体现的工艺和想象力都令人惊叹。牛仔靴成为戏装的一部分,成为一种装扮方式、

一种角色扮演。儿童扮演牛仔所用服装的流行，其中包括靴子，就清楚地说明了这一点。其实，当时这种向戏装的转变正成为许多时尚靴子的命运。

虽然大多数靴子的款式在 20 世纪 50 年代就不再流行，但是在战后不久，一种特殊的军靴却进入了男性时尚休闲服装，即据说是来自印度的高帮皮靴（chukka boot）及其变体沙漠靴（desert boot）。这种高帮皮靴设计成了一种矮短靴，靠两到三个鞋眼束紧，据称是在印度的英国马球球员为了舒服，在场上场下都穿的一种靴子。[44] 简单的沙漠靴以传统的高帮皮靴为基础，但是在战争期间的开罗给它换上了绉胶底和软绒鞋面。英国制鞋企业克拉克家族的内森·克拉克（Nathan Clark）将沙漠靴改造成了民用鞋。到 20 世纪 50 年代，沙漠靴和高帮皮靴都成了休闲男性的优雅配饰，尤其受到年轻男性的欢迎。

然而，对有些男性来说，穿着卡其裤和沙漠靴懒洋洋地坐着是不能得到放松的；相反，他们积极去享受自己最近打仗争取的自由，维持战争中结下的手足情谊。出于对摩托车的热爱，一群群的退役军人开始聚集，到 20 世纪 40 年代末，摩托车俱乐部在美国各地如雨后春笋，纷纷成立。[45] 美国摩托车手经常被描述为 20 世纪中期的牛仔，他们穿上新型骑靴，即工程师靴（engineer's boot），骑着摩托车，在乡村道路上一路狂飙。

第一双工程师靴是由美国鞋业制造商齐佩瓦（Chippewa）设计的。公司创建于威斯康星州的小镇奇珀瓦福尔斯（Chippewa Falls），20 世纪初主要是为伐木工生产坚固耐穿的靴子。到 1937 年，公司开始为土地测量员制造工程师靴，这种靴子以英国马靴为基础，设计得既美观又专业。[46] 这种坚固而优雅的靴子在膝盖和脚背处设有可调节的系带，很快就被其他行业采用。到 1940 年开始使用中高靴筒，结果更受欢迎，到战争年代成了码头工人的首选用靴。

战争一结束，摩托车手就开始穿工程师靴。工程师靴与牛仔布搭配、与皮夹克一起穿，成为"不法摩托车手"形象的主要配饰，而这一形象是由被美国摩托车协会驱逐的摩托车俱乐部成员塑造出来的。1947 年发生在霍利斯特（Hollister）的暴乱，将这一形象烙进了美国人的想象中。1947 年美国独

　　在 20 世纪，穿高跟靴的牛仔象征着无拘无束的自由和自力更生。这双托尼·拉马（Tony Lama）长筒靴反映出当时流行华丽服饰，譬如脚趾处使用的是蜥蜴皮，靴跟是很高的皮革叠跟。美国，20 世纪中期

　　"二战"后，工程师靴开始受到摩托车手的欢迎。摩托车手是升级版的牛仔，其着装规则同样代表着无约束的自由。美国，20世纪中期

立日那天，来自美国各地的摩托车手突然出现在加州小镇霍利斯特，发动了这场"骚乱"。霍利斯特从 20 世纪 30 年代就开始举办吉卜赛摩托车大赛，但是因为"二战"停办，到了 1947 年人们试图重新恢复这一传统。此时，摩托车文化的知名度已经有了大幅提升，结果各地骑手纷至沓来，让小镇霍利斯特措手不及。这次赛事，许多人酗酒醉酒，妨害治安，但实际上造成的损害却微乎其微。对赛事耸人听闻的新闻报道引起了美国人的注意。7 月 21 日出版的《生活》杂志刊登了一张一名穿靴子的摩托车手喝酒的摆拍照片，有助于传达摩托车手是亡命徒和叛逆者的观点。由马龙·白兰度（Marlon Brando）主演的电影《飞车党》（1953）就是受此事件启发，它让更多观众看到了这种心怀不满的摩托车手形象。1955 年，詹姆斯·迪恩（James Dean）主演了电影《无因的反叛》，进一步强化了这一形象。很快，人们对摩托车靴的印象就与青年异化和社会堕落感交织在了一起。

美国摩托车文化中浓郁的男子汉气概和同性社交性质，塑造出一种迷人的男性阳刚，让男同性恋者为之倾倒。20 世纪 50 年代，"皮革男"（leathermen）摒弃了软弱的男同性恋刻板印象，开始组建自己的摩托车俱乐部，从头到脚都穿皮装——都是恋物癖版的摩托车手服装或者军装。艺术家图克·拉科松南（Touko Laaksonen），其更广为人知的名字是芬兰的汤姆（Tom of Finland），他在 20 世纪 50 年代后期开始创作的男性情色作品中体现了这一点。和其他摩托车组织一样，皮革男群体也被俱乐部经常出现的军国主义秩序所吸引。有些群体涉及 BDSM（绑缚与调教、支配与臣服、施虐与受虐）等色情元素，比如在擦靴子场景中靴子就起到了重要作用：到 21 世纪中叶，擦靴童和穿靴子客户之间的关系已经淡出日常生活，但是擦靴服务固有的权力动力（power dynamics）被色情化并转到地下，成为皮革男文化的重要组成部分。

美国摩托车手文化的传奇色彩，对英国摩托车帮的发展也至关重要。英国摩托车帮，也称为老客派（rocker），他们同样骑着大型摩托车，穿着皮夹克和工程师靴。他们的竞争对手摩登派（mod），则更喜欢崭新的小轮摩托车，除了靴子之外，穿着打扮偏重欧洲大陆风格。他们喜欢典型的英式沙漠靴和

芬兰的汤姆的艺术作品充斥着令人震撼的色情元素，而锃亮的靴子往往是这种情色的核心。芬兰的汤姆，1982 年，编号 #82.08

更精致的切尔西靴（Chelsea boot）。老客派和摩登派有相似的工人阶级背景和相似的流氓行径，穿的服装都像制服，但是存在明显差异。1964 年夏天，这两个组织在英国的许多海滨小镇发生冲突，在英国各地引发了一场"道德恐慌"。[47] 20 世纪 60 年代，时间的脚步在向前迈进，老客派皮衣男孩的服装却僵化不前。西装革履的摩登派则分裂为两大派别：一派是主要对时尚感兴趣的人，另一派是所谓的"硬摩登派"，他们开始炫耀剃的光头，穿系带工装靴，最终形成了光头仔文化。

在男装方面，随着 20 世纪 60 年代的推移，摩登派的风格具有了相当的影响力：

男士的新"摩登造型"，可能会成为男装时尚最热门的话题，它在行家眼中充满争议……摩登造型的典型特征——汤姆·琼斯（Tom Jones）式的褶边衬衫、灯芯绒牛仔裤、切尔西高跟鞋和类似的款式，引发了许多评论。[48]

风靡全球的英国摇滚乐队"披头士"，经常被认为是受摩登派启发的西装和披头士靴（Beatle boot）潮流的推动者。这些新款的议员靴（congress boot）或切尔西靴，通常鞋跟更高，模仿的是披头士乐队成员约翰·列侬（John Lennon）。

列侬为自己定制的靴子，采用更高的木制鞋跟，鞋跟的创意源自男性弗拉曼柯舞（flamenco）鞋。摩登派造型是规模更大的"孔雀革命"的一部分，孔雀革命认为，其他物种的雄性，从孔雀到狮子，都是两性中装扮最华丽的一方。孔雀革命从过去的时尚中寻找灵感，其中就包括男士短靴。"20世纪60年代初，'时尚'是女性专属。60年代末，男性便主宰了服装界——战后枯燥单调的男性服装消失了……这一切都是针对华尔街制服的炫耀式对抗。"[49]

服装是紧随其后的"性别之战"的焦点。一篇关于英国新靴子时代的文章写道："各地的男人和女人……在一场半性别竞赛中互相竞争，想证明谁最适合穿靴子。"[50]这篇文章解释说："当然，男人们声称他们一直都穿靴子——他们穿的时髦靴子，长及小腿，略带松紧，古巴式鞋跟有3英寸高，这只不过是源自他们戎马生涯或牧场骑马时期的产物。"但是，

　　穿着"绝妙服装"……的英国姑娘们开始从她们的老鼠洞里纷纷钻出来，一副轻佻冒失、盲目自信、无所顾忌的样子，随时准备与任何男人开战……她们在切尔西的大街上昂首阔步，只是缺少一把利剑和一面盾牌。她们两眼怒视，自信满满，向每个男人发出挑战，想证明他不是个混蛋……开始，这种穿长筒靴的幽灵让男人胆战心惊。它现在仍然让初来乍到者感到吃惊。[51]

约翰·列侬请人对这种典型的切尔西靴进行改造，把靴跟换成了男弗拉曼柯舞者所穿的那种更高的木制靴跟。英国，20世纪60年代早期

当时，靴子的确是针对女性流行的时尚，是对现状日益不满的体现。女性希望有更光明的未来，这一点在明显具有前瞻性的靴子上得以体现，这与女性时尚中流行的怀旧风格形成鲜明的对比。这些太空时代的靴子，也与过去那种界定男士靴子选择的怀旧风格形成鲜明对比。从约翰·贝茨（John Bates）到玛丽·昆特（Mary Quant）在内的英国设计师以及安德烈·库雷热（André Courrèges）、伊夫·圣洛朗（Yves Saint Laurent）等法国设计师，都受到太空时代幻想的启发，设计出了自己的靴子。穿"库雷热"品牌的女性，脚穿极简主义风格的白色皮革摇摆（go-go）靴，被1964年的《时尚》杂志描述为"跟后年一样时髦……她生活在现在，甚至有一点超越了现在"。[52]

《时尚》杂志也宣布这款新靴子适合影视中的女主人公。[53] 1968年，简·方达（Jane Fonda）拍摄电影《太空英雌芭芭丽娜》，靴子就对她的扮装起到了重要作用。同样，靴子也是英国"谍战科幻"电视剧《复仇者》中女主人公凯茜·盖尔（Cathy Gale）博士和艾玛·皮尔（Emma Peel）的主要服装。她们的紧身服装和靴子带有强烈的恋物情结，只有美国电视剧《蝙蝠侠》中邪恶的猫女所穿的衣服才可以与之相提并论。甚至连首席通讯官妮欧塔·乌胡拉（Nyota Uhura）在1966年《星际迷航》的电视首映式上也穿着及膝长靴和超短裙。剧中的男性也都穿着靴子。柯克（Kirk）船长偶尔会穿及膝军官靴，而其他人则穿摩登短靴和七分裤。显然，"太空：最后的疆域"将会被穿着靴子征服。实际上，从1969年的《阿波罗11号》开始，登陆月球者所穿的靴子在20世纪70年代引发了一场地球人对登月靴的追捧——冬季靴成为时尚的重要元素，这是为数不多的一次。

受恋物癖启发的过膝长筒靴，比如《太空英雌芭芭丽娜》中穿的长筒靴，也进入了主流时尚。美国鞋履设计师贝丝·莱文除了为南希·辛纳特拉（Nancy Sinatra）拍摄热门单曲《这双靴子是用来走路的》宣传照时设计靴子外，还设计了第一双用莱卡制作的过膝紧腿长筒袜靴。著名的法国鞋履设计师罗杰·维维亚在20世纪60年代也开始制作靴子。他为伊夫·圣洛朗设计的过膝长筒靴，因法国影星碧姬·芭铎（Brigitte Bardot）穿着它骑哈雷戴·维

1964年，安德烈·库雷热推出了一款白靴子，成为他"太空时代"的精品，其中便包括图中这双。
由此引发的摇摆靴潮流，成为界定 20 世纪 60 年代时尚风格的元素之一。法国，1964 年

森摩托而一举成名。它们可能会让人想到 17 世纪的马靴，不过也会让人联想到女施虐狂穿的靴子。

在 20 世纪 60 年代，靴子和统治之间的联系成为亚文化服装的核心，而正是在这种背景下，马丁靴（Dr Martens 或 dms）成了表达叛逆和不满的鞋子。马丁靴是"二战"时期德国军医克劳斯·马滕斯（Klaus Märtens）滑雪弄伤脚踝后发明的。马滕斯的设计基于"二战"结束时配发给德国士兵的军靴，他在赫伯特·丰克（Hebert Funck）博士的帮助下，制造出了橡胶鞋底，鞋底由两个独立的部分组成，都带有中空的隔层，热封后形成气囊，为脚部带来更多缓冲。这种靴子在 20 世纪 50 年代受到德国家庭主妇的欢迎，但是直到 1959 年与英国制鞋商格里格斯（R. Griggs）签订合同后，它才产生了广泛的吸引力。格里格斯一直在积极创新，力争使公司在工装靴和气垫的竞争中获得优势，最终格里格斯公司将气垫鞋底命名为 AirWair，引起了广泛关注。1960 年 4 月 1 日，第一款八孔马丁靴问世，并根据制造日期将其命名为 1460。这款马丁靴立即受到邮政工人、工厂工人和警察的欢迎，但是直到硬派摩登和光头仔将马丁靴添加到他们的钢头工装靴装备库之后，它们才成为反抗的象征，而这种反抗往往与暴力相关。曾经是光头仔的美国摄影师加文·沃森（Gavin Watson）回忆道："我们把前面的皮革剪掉，露出钢头——那种靴子被视为武器，穿在脚上会觉得很安全。"[54]

20 世纪 60 年代末，整个社会动荡不安，硬派摩登和光头仔便处于这种大氛围之中。这一点体现在众多亚文化中，每一种亚文化都有自己的制服：

> 他丝毫不介意"光头仔"这个词，也不介意这个词让许多英国人能感到几分威胁……这个城市到处都是低眉顺眼的长发青年男子，路人突然看到光头青年，一头不可思议的短发，脚穿大靴子，往往会大吃一惊。[55]

光头仔利用靴子时尚把自己和嬉皮士划清界限。他们认为嬉皮士是娘娘腔，因此通过品牌男工装来展示超级男性气概。光头仔的服装都是使用当地

经典的英国 1460 八孔马丁靴，是根据其面世日期 1960 年 4 月 1 日命名的。英国制鞋商格里格斯公司获得了马滕斯博士鞋底的专营权，后来生产的工装靴成为反主流文化的经典。英国，1995 年

配件制作的，体现了强烈的民族主义。马丁靴被视为纯粹的英国货，这一点
将它们与民族主义情绪联系在一起。相比之下，嬉皮士的着装则非常全球化，
在抗议战争期间，他们穿的美洲土著鹿皮鞋和耶稣凉鞋都说明他们是"世界
公民"。据传闻，买到一双新马丁靴，光头仔都要"用它们踢人"。不管踢
的是谁，如果靴子上能沾点血，那就再好不过了。[56]服装和政治观点之间的
这种联系，被一小撮光头仔推到了极端，他们越来越排外，并接受新纳粹的
意识形态。他们与马丁靴的密切联系有玷污这个品牌的风险。然而，随着世
纪的推移，马丁靴作为可靠的工装靴名声日盛，加上结实耐穿，使得上述联
系逐渐淡化，从此更加受欢迎。

　　20世纪70年代，另一种类型的靴子，即高跟松糕底靴，也开始被男人
用来宣示阳刚之气。其实，20世纪60年代，男性鞋跟就开始在逐渐增高，
披头士高跟靴就是证明，但20世纪70年代早期男性鞋跟达到了前所未有的
高度。在大街上，对这种新时尚感兴趣的大多数男性都穿着高跟鞋，但颇具
传奇色彩的摇滚明星们却穿着及膝长靴，大步穿过舞台，炫耀厚厚的松糕底
和夸张的高跟。戴维·鲍伊（David Bowie）或许是迷幻摇滚圈中真正最具异
性特征的明星，他穿着高跟松糕鞋，而且还化妆，但是即使性取向遭到质疑，
他仍然受到众人和大众媒体的追捧。电影《洛基恐怖秀》（1975）进一步说
明了这种性动力。由蒂姆·柯里（Tim Curry）扮演的弗兰克·N. 弗特（Frank N.
Furter）博士穿着紧身胸衣、破渔网和高跟系带恋物靴，这不是对传统女性服
装的接受，而是一种嘲讽。这个角色的双性恋并没有削弱他在电影中主导一切、
霸气十足的男性气概。其实，大多数迷幻摇滚歌手的性取向或性别并未引起
人们的怀疑，因为尽管穿着华丽的服装，但是他们的行为给人的印象是超级
性感和充满阳刚。这一点在街头时尚中得到了体现，一些男子公开穿及膝长
靴，用来塑造具有侵略性的男性形象。一位年轻人讲述自己穿着马斯特·约
翰（Master John）设计的一双装饰华丽、极为夸张的高跟靴子，目的就是"把
别人踢个屁滚尿流"。这种魅力与强硬的结合，在英国谁人（the Who）乐队
的摇滚歌剧《汤米》（1975）中得到了体现，埃尔顿·约翰（Elton John）扮

演的弹珠巫师（Pinball Wizard），穿着一双卡通样的大号马丁靴。

到20世纪70年代末，高筒靴虽然已经被男性时尚所摒弃，但是对各种亚文化仍然很重要，是它们形象的核心。马丁靴继续暗示男性心怀不满和选举权被剥夺，摩托车靴继续与不法之徒和粗犷的逃避主义联系在一起，牛仔靴仍然是勤奋的真正个人主义者的象征。实际上，靴子是这些亚文化着装的重要组成部分。人气爆棚的美国音乐组合"乡下人"（Village People），对此既赞赏又嘲弄。该乐队成员的服装都源自穿靴子的超级男性形象，包括警察、皮革男、士兵、建筑工人和牛仔，甚至连"印第安酋长"也常常穿着及膝鹿皮靴。这清楚地表明，塑造不同的男子汉形象在很大程度上取决于服装。"乡下人"组合演唱的迪斯科歌曲，比如《硬汉》和《基督教青年会》，都曾经风靡世界，并进一步把这些男性形象烙在了集体想象中。服装是表现男性特质的核心元素，这种显而易见的迹象反映出男性时尚即将迎来巨大变化。象征权威的商务制服西装和布洛克鞋，已经成为标准的男性服装，即将呈现为一种服装时尚，随着男性日益走进时尚体系，从牛仔靴到运动鞋在内的各种鞋履都将用于构建更加个性化而且常常也是表演性的男性自我表达。

朋克也形成于20世纪70年代。朋克族是从光头仔中分裂出来的，政治色彩不浓，更加追求个人主义。最初的朋克族是民主的、异质的，主要从事DIY音乐和时尚，广泛借鉴各种灵感。其核心人物是英国乐队经理和企业家马尔科姆·麦克拉伦（Malcolm McLaren）。他和女友维维恩·韦斯特伍德（Vivienne Westwood）经营着伦敦的性（SEX）服装店。他们俩最初为纽约娃娃（New York Dolls）乐队提供服装，但是到1975年，他们开始寻找另一支乐队。麦克拉伦解决了这个问题，他挑选服装店的常客组建了臭名昭著的性手枪（Sex Pistols）乐队，这些人包括约翰尼·罗藤（Johnny Rotten）、史蒂夫·琼斯（Steve Jones）、保罗·库克（Paul Cook）和格伦·马特洛克（Glen

---

（左图）光头仔继续穿马丁靴，作为制服的一部分，以表达心中的不满。这张照片是马克·亨德森（Mark Henderson）于2012年在都柏林拍摄的

多伦多制鞋商马斯特·约翰制作了这款男士松糕底长靴，靴跟高 5.5 英寸，嵌有星星图案，皮革部分饰有名副其实的山水画。20 世纪 70 年代，一些男性效仿摇滚明星，开始使用包括及膝长靴在内的个人奢华装饰品。加拿大，1973 年

Matlock），后者在 1977 年被锡德·维舍斯（Sid Vicious）取代。他们的风格融合了阿飞（Teddy Boy）、BDSM、老客派和摩登派等元素，所有的元素都被分解和重组，表现出无政府和反叛的倾向。朋克族的这种多元共存并不需要特定类型的鞋子，但是马丁靴最终成为他们的首选。一位学者认为，朋克风迅速传播，但是朋克商店只有伦敦才有，因此英国其他地方的追风者只好创建自己的服装风格。[57] 马丁靴在英国随处都可以买到，并成为通过品牌标识增强群体凝聚力的一种手段。马丁靴的价格相对较高，也有助于建立群体忠诚，因为马丁靴代表的是实打实的货币投资，反映了对这种生活方式的投入。

在 20 世纪 70 年代，靴子仍然是女性时尚的重要元素，但是这一趋势已经从太空时代的未来转变为浪漫过去的再现。正如一篇报纸文章所称，"就概念而言，20 世纪 70 年代的靴子适合老奶奶穿，散发着'美好往昔'的怀旧气息"[58]。当被问及这种转变时，鞋履设计师贝丝·莱文谈了自己的看法：

> 大概在避孕药日趋重要的同时，靴子也开始崭露头角。两者都是女性新自由和解放的象征。但是，在内心深处女性对完全独立的想法感到畏惧，"平等"的理念让她感到害怕。

这篇文章总结她的观点说："之所以采用适合老奶奶的风格，其中一个原因是淡化了靴子粗糙坚韧的质感，仍然让女人看起来有些无助。"[59] 1976年，黛安娜·弗里兰（Diana Vreeland）在纽约大都会艺术博物馆（Metropolitan Museum of Art）的服装研究所举办的题为"俄罗斯服装的荣耀"的展览，同年伊夫·圣洛朗推出了著名的俄罗斯精品系列，其中的哥萨克靴因其浪漫风格而饮誉四方，"男人和女人（至少在妇女解放运动以前）都认为这种风格属于女性"。[60] 这种对回归男人是男人、女人是女人的更"理想"的时代的渴望，再次激发了人们对牛仔靴的兴趣。1980 年上映的电影《都市牛郎》更是推波助澜，都市牛仔所穿的尖头靴"永远感觉不到马镫或响尾蛇的毒牙"，却起到了"象征理想"的作用。[61] 牛仔靴的流行恰逢美国保守价值观的复苏，

而且在经历了引起分歧和充满屈辱的越南战争、石油危机带来的经济阵痛和多年的社会动荡之后，人们渴望美国传统英雄的出现。得克萨斯的石油大亨们可能试图重塑商业面貌，但真正抓住时代精神的是美国总统罗纳德·里根（Ronald Reagan）。他经营牧场，穿牛仔靴，也许最重要的是他曾在电影中扮演过牛仔。《华盛顿邮报》刊登了一篇题为《为总统量身定做？》的文章，文章写于里根当选总统的前几年，说他的举止是"精心弄得凌乱不堪的西部电视牛仔"，还说他给人的印象是"纯爷们。丝毫不装腔作势。喜欢户外，热爱运动，为人真诚，他就是万宝路牛仔"。[62] 穿上西部服装，里根恰恰代表了许多保守的美国人希望保留的东西：一个文化和经济上的霸权国家和一个"货真价实"、超级阳刚的形象。

20 世纪 80 年代，英国骑马装回归女性时尚，同样反映了一种对旧时代的向往。1984 年，弗里兰在服装研究所举办了题为"人与马"的展览，影响很大，让马术重返时尚想象的前沿。这次展览是由拉尔夫·劳伦（Ralph Lauren）组织的，《纽约时报》曾在 20 世纪 70 年代末指出，劳伦用马球运动员作为他的徽标，象征着"与 60 年代的决裂，马球运动员的形象，［是］特权和精英主义的终极象征"。因此，劳伦组织这次展览并非巧合。的确，擅长创造权力的幻想，让这位美国设计师闻名遐迩。他采用马靴，并与同样优雅和怀旧的时尚搭配，体现了传统和优势。20 世纪 70 年代的"唯我"一代可能已经为炫耀性消费的回归搭好了舞台，但是这一潮流真正开始于 80 年代。1988 年《时尚》杂志报道称："骑马装似乎仍然能够提升穿者的地位。"[63] 20 世纪 80 年代人们对地位充满渴望，这种时尚反映了当时许多人的愿望，但是，就像其他靴子越来越多地被当作装扮一样，女性时尚中的马靴也是用于装扮游戏。就像穿公主服装的小女孩一样，穿骑士风格时装的人也不会被当成骑马一族。《纽约时报》讽刺说："在曼哈顿市中心，马几乎和免费出租车一

（左图）伊夫·圣洛朗设计的这双靴子，带有俄罗斯风格的贴花图案，时间可以追溯到1974年，比他著名的"俄罗斯系列"早了两年。法国，1974 年

样难得一见。"[64] 马靴的使用及其对有钱特权的暗示，也表明穿马靴者所展示的财富，无论是真实的还是想象的，都源自继承，而不是自己辛苦所得。20 世纪 80 年代，大批女性涉足白领职业，这让许多人感到不安。诸如施虐狂式的鞋跟和骑士风格的马靴等时尚，在视觉上暗示女性的财富是通过其他方式获得，而不是职业工作干得出色的直接补偿，从而使成功女性的高级时尚形象复杂化。

弗里兰关于马术的展览还向西大荒致敬，她在媒体上提到自己 12 岁时为了躲避小儿麻痹症的流行前往怀俄明州，结果野牛比尔送给了她一匹小马。拉尔夫·劳伦也利用了这种怀旧情绪。他的模特似乎被风吹得十分凌乱，裹着纳瓦霍人（Navaho）的毯子，穿着草原长裙和牛仔靴，用美国西部的浪漫抗衡英国马术的浪漫，同时也更新了 20 世纪 70 年代的波西米亚草原裙和"老奶奶靴"的造型。

20 世纪 80 年代，女靴的其他主要趋势包括一种低跟短靴，这种靴子呈亮色或淡色，看起来有些慵懒，与当时的后现代审美特征和新浪潮音乐时代很相配，而日本设计师则将仿制的战靴与解构的时尚进行搭配，既体现了传统，也体现了后启示录未来的理念。20 世纪的最后十年，哥特式时尚甚至又把这种风格向前推进了一步，人们穿上黑色系带靴，无论是马丁靴还是"老奶奶靴"，都把维多利亚时代的服饰、恋物癖、朋克和千禧年焦虑结合在了一起。许多款式，如哥特式洛丽塔（Gothic Lolita），起源于日本，深受日本漫画和动漫的影响，其中的人物通常穿着黑色厚底的超大号的靴子。在时尚界，这种打扮是通过穿黑色高跟松糕靴实现的，而这种靴子通常被称为"怪物靴"，它既让人反感，又让人着迷。

在女性主流时尚中，使用明确源自恋物癖和性交易的超性感服饰也日益普遍。好莱坞热门电影《风月俏佳人》（1990）的宣传材料中，茱莉娅·罗伯茨（Julia Roberts）穿着闪亮的黑色塑料过膝长筒靴和细高跟鞋，这样观众马上就能识别出她的角色是妓女。靴子和职业之间的关系也在时尚界得到了宣传。简·汤普森（Jane Thompson）在加拿大《全国邮报》上写道："如果

　　上图中的厚底长靴经常与更精致的"哥特式"服装搭配。这种风格的灵感来源可谓五花八门，既有19世纪的服饰，也有日本动漫。辣妹格里·哈利韦尔（Geri Halliwell）曾经穿过这双布法罗公司制作的靴子。英国，1997—1998年

你想在这个季节迅速更新衣服,最好的投资可能是购买一种简单的靴子。""如果想给人留下印象",她建议购买"《风月俏佳人》中茱莉娅·罗伯茨扮演的妓女高过膝盖的"[65] 那种靴子。在某种程度上,"妓女靴"与马靴时尚类似,也是作为一种扮装来穿的。马靴,是上层社会特权的象征,甚至可能意味着对猛兽的掌控,而受性工作者启发设计的马靴则与此不同,它让人联想到的是更多社会人士眼中那些遭受社会经济困境剥削和驱使的人。尽管存在与男性性欲支配并操纵女性经济效益相关的"权力"思想,而且这本身就是对最近处于上升期的职场白领女性的一种相当令人不安的回应,但是就像 20 世纪 90 年代的"海洛因时尚"(heroin chic),这种"荡妇风格",对"好女孩"而言同样是一种令人不安的贫穷时尚秀,而且体现在女性时尚的许多领域,进入 21 世纪后一直持续了很久。

20 世纪 80 年代末起源于西雅图的垃圾摇滚风格(Grunge),在 90 年代初开始流行,也接受了靴子,但是这种风格受品牌意识驱动没那么强烈。垃圾摇滚风格包括二手(旧货店)服装,搭配登山靴或匡威全明星鞋;有些人穿马丁靴,但是几十年来,马丁靴价格急剧上涨,常常让人望而却步。涅槃乐队(Nirvana)的主唱库尔特·科本(Kurt Cobain)经常穿着登山靴和旧货店的衣服,但是很少有人效仿他。然而,当女性穿上这种服装后,这种搭配就掀起了一股"童妓"(kinderwhore)时尚潮。科本的妻子名叫考特尼·洛夫(Courtney Love),本身也是成功的音乐家,她尝试这种风格后推出了自己的版本。她穿着连衣裙或衬裙,一副衣冠不整的样子。她这种造型,通过公开展示贴身内衣与天真烂漫的玛丽珍(Mary Jane)鞋或结实的鞋子搭配所产生的紧张感,让人联想到从乱哄哄的嬉笑打闹到彻底的受侵害等一系列场景。[66]

尽管垃圾摇滚风格的立场是反对消费,但是在 1992 年,美国时装设计师马克·雅各布斯(Marc Jacobs)在为派瑞·艾力斯(Perry Ellis)公司工作期

(右图)过膝长筒靴在 21 世纪初的时尚界非常流行,直接借鉴了性工作者穿的靴子。这双长筒靴来自多伦多的一家专业色情鞋履制造商。加拿大,1998 年

间，将这种风格带入了主流，而且更进一步，让模特们穿着名牌马丁靴走上了 T 型台。《时尚》杂志宣称 1993 年是"靴子年"；同年，时尚界的"坏小子"让－保罗·戈尔捷推出了受哈西德教派启发的系列，并搭配战靴。马丁靴品牌日益流行，于是不断扩大生产，以满足新的市场需求。柔和的淡色和带花的图案很受年轻女性的青睐，甚至也有了适合儿童穿的马丁靴。这对生意产生了很好的影响，但也让马丁靴的真实性受到了质疑。不久，既适合户外运动也适合都市生活的添柏岚靴子（Timberland boot）开始与马丁靴竞争，尤其是在美国：

> 无论是穿着去登山，还是穿着去商场，户外鞋和登山靴都正在逐步占领市场，因此运动鞋已经无法牢牢占据鞋类市场的头把交椅……这种新趋势的最大受益者之一就是总部位于汉普顿的添柏岚公司，该公司今年第二季度户外鞋类销售额增长了 47%。[67]

这篇 1993 年的文章反映了 20 世纪 90 年代初"添柏岚"的迅速普及。与马丁靴一样，添柏岚靴也是自 1952 年就开始生产的结实工装靴，同样体现了工人阶级可以信赖的理念。正如名字所暗示，添柏岚也蕴含着一种将体力劳动与户外运动结合起来的美国美学。在品牌至关重要的城市文化中，添柏岚让人联想到的是真材实料。马丁靴因光头仔的支持背负着种族主义的污点，但是添柏岚靴得以幸免。添柏岚靴面世时是黑色的，但最受欢迎的颜色是黄色，这或许是为了显示与众不同。添柏岚靴是深受欢迎的冬靴，最早出现在城市中心，不系鞋带，宽松的牛仔裤裤腿卡在开放的靴筒里，搭配蓬松的大号羽绒服。冬季来临，它们会替代象征地位的运动鞋，但是到了 20 世纪 90 年代，不管遇到什么天气，许多男人都穿添柏岚靴，不再穿运动鞋。此时，毒贩开始穿添柏岚靴，作为"工作"制服的一部分，这也从侧面证明了它的质量非常可靠，因此更加流行。很快，许多著名的说唱歌手，如声名狼藉先生（Notorious B. I. G.）、图帕克·沙克（Tupac Shakur）和杰伊·Z（Jay Z）开始炫耀添柏岚靴，把这种时尚传播到了世界各地。20世纪90年代，添柏岚靴越来越受城市男性的欢迎，甚至开始挑战耐克Air Jordan（飞人乔丹）的款式优势和市场份额。鉴于时尚的先见之明，或许这一特别的潮流是在宣告这样一个事实：需要体力劳动的工作正在消失，工装靴即将成为扮装，就像牛仔靴一样。

但是，无论是在城市还是其他地方，添柏岚靴都不是女性的核心服装。到了21世纪初，两极分化的雪地靴（UGG）异军突起。与男士服饰中的拖鞋一样，穿雪地靴给人的印象也是对时尚漠不关心。从奥普拉·温弗里（Oprah Winfrey）到格温妮丝·帕特洛等名人都喜欢穿这种休闲靴，结果羊皮靴的需求量让零售商措手不及。传统上，雪地靴是来自澳大利亚和新西兰的一种靴子，是剪羊毛者的保暖靴。20世纪60年代，男性冲浪者在冰冷的海洋里待了几小时后，到海滩上会穿上雪地靴。雪地靴的英语UGG是"ugly boot"（丑靴子）的缩写，从20世纪20年代就开始使用，但直到20世纪70年代才成为品牌。1978年，美国冲浪运动员布莱恩·史密斯（Brian Smith）从澳大利亚回到加州南部，打算在当地销售雪地靴，便注册了UGG商标。他的靴子卖得很火，女孩子都穿着冲浪男友的UGG，"就像［大学］校名首字母荣誉运动员的夹克衫一样"。[68]这种时尚一直局限在美国西海岸，但是到2000年却迅速蹿红，成为美国许多年轻女性的时尚选择。像Air Jordan运动鞋一样，UGG品牌的雪地靴供不应求，有一个零售商说每天要接成千上万个电话订购靴子，最终决定"出售它收到的由［制造商］德克斯公司（Deckers）在严格条件下制造的少数靴子，每个客户限购一双，人们经常早晨6点就在商店外面排队等候购买"。[69]

搭配运动裤（卫裤）和宽松的上衣，头发挽成凌乱的顶髻，这种造型引起了很大的争议。有些人认为UGG雪地靴很邋遢，尤其是因为人们经常把它穿到破碎为止，而另一些人则觉得UGG雪地靴很有吸引力，是超性感高跟鞋的舒适替代品。从很多方面看，UGG雪地靴是垃圾摇滚时尚的升级版，但是年轻女性穿UGG雪地靴时，并非和内衣搭配，实际上也许是和她们的睡衣搭

20世纪90年代和21世纪初，UGG雪地靴经典短款成了许多年轻女性衣柜的必备服饰。虽然雪地靴源自澳大利亚，但是现在UGG却是美国品牌。图中的这双UGG是2016年的经典短款

配。然而，也有人将UGG雪地靴视为特权的象征，这种判断有其合理性，不仅因为UGG品牌雪地靴价格高，而且还因为穿这些雪地靴的似乎仅限于所谓的"烂俗婊"（basic bitch）[70]，即那些品牌意识过于强烈又特别乏味的年轻白人女性。

在21世纪，橡胶威灵顿靴也开始在年轻女性中间流行，尤其是英国皇室供应商猎人靴公司生产的那种威灵顿靴。穿UGG雪地靴是想给人留下非常休闲的印象，而猎人靴则与此不同，它代表的是一种更优雅的外观。在一定程度上，猎人品牌长期以来一直与特权有关。绿色橡胶威灵顿靴属于英国中上层阶级的休闲装，与园艺等乡村消遣和娱乐联系在一起，因此"绿色威灵顿

长筒靴一族"指的就是这个群体。这种英国特权的联想，让它在欧美都成为一种令人渴望的时尚。在城市穿猎人威灵顿靴，就像穿马靴一样，代表的是特权私人生活。猎人靴价格不菲，因此也成为社会地位的象征。很快，博柏利（Burberry）和古驰（Gucci）等奢侈品牌都推出了自己的雨靴。在北美，猎人靴和其他品牌的长筒靴被认为是典型的女性化品牌，但是另一种靴子却在男性时尚中卷土重来，这就是具有独特脚部防水功能的美国经典里昂比恩靴（L. L. Bean）。像猎人靴一样，里昂比恩靴体现的是特权，但是重新兴起后它体现的是美国人务实的传统主义和波士顿上层人物的教养。人们对其乐沙漠靴（Clarks desert boot）重拾兴趣，也是这股男装时尚趋势的一部分，同时复兴的还有许多经典款式，如系带短靴和切尔西靴。这都属于一股更大规模的趋势，其中有些人为了怀旧，穿上了嬉普士（hipster）服装，并蓄起了大胡子。

21世纪初，在娱乐领域，靴子在年轻女孩中找到了热心的受众，她们的偏好从穿高跟鞋的芭比娃娃转向穿靴子的贝茨娃娃。这些娃娃化着浓妆，头发中有一道道的亮色，穿着短裙和厚实的系带靴，向反主流文化的哥特式风格致敬。和美泰公司的芭比娃娃一样，贝茨娃娃既时尚又性感，但这些娃娃所展现的性感更多地与性交易有关，而非时尚，因此让一些家长感到紧张。《匹兹堡邮报》在2003年的一篇报道中写道："贝茨娃娃看起来也许像妓女在街角的家中从事交易一样，并非每位家长……都认为这是可以接受的。"[71]高筒靴和性欲亢奋之间的联系只会越来越强，尤其是在网络空间。

在21世纪头十年，数字体验激增；不管时尚界是否真有人穿，靴子在虚拟世界都不可或缺。儿童网络扮演游戏充斥着可供选择的各种靴子，而面向年龄更大一些的玩家的电子游戏则把"定制"——或者更准确地说，装扮——自己的化身融入娱乐中去。要在游戏中获得服装，就需要顺利过关，因此是渐进式的。在多人游戏中，服装的功能就是直接体现身份。然而，玩家选择构建身份的鞋履等服装，是多种多样的，而且往往依赖于文化中普遍存在的夸大的既定比喻。为了塑造角色，一些版本的《侠盗猎车手》游戏可谓绞尽脑汁，投入了大量精力。就像在当代现实生活中一样，运动鞋和靴子争相吸引玩家的关注和金钱，风格和花费能够反映出成就。其他游戏吸引玩家进入虚拟世界，里面的环境和时尚可能充满奇幻色彩，玩家角色的衣柜摆着各种各样的靴子，其中就包括性感的长筒靴。靴子也是超级英雄服装的重要特征。在当今这个不断发生冲突、人们对没有制服的敌人充满恐惧的时代，超级英雄似乎可以帮助人们逃避现实。除了动作、冒险和英雄主义之外，这些英雄穿的靴子还把靴子和统治永远联系在一起。不过，超级英雄穿的靴子归根结底都是扮装，就像现实生活中大多数为时尚而穿的靴子一样。

第 三 章

高跟鞋：一稳难求

　　要穿高跟鞋，亲爱的旅行者，那就要蹒跚而行，既缺乏安全感，身体也站不直。我知道高跟鞋在商店橱窗里看起来是多么漂亮。它们制作精巧，曲线灵活，鞋头很尖，又红又亮！不过，要保证制作精美、曲线漂亮、色彩亮丽，就需要支付大价钱！

——某个老单身汉，《论高跟鞋》，1871 年

　　女人最大的误解之一，就是男人必须接受她的现状。不，我们不接受。我不知道谁这样对你们说的。我们喜欢靓丽光鲜。你们如果不再化妆，不再涂指甲油，不再穿高跟鞋，就会失去我们。[1]

——史蒂夫·哈维（Steve Harvey），2009 年

　　高跟鞋非常不实用。它可能源自骑马鞋，是骑马鞋的一种属性，但是下马后，穿高跟鞋走路只能蹒跚而行，是违反天性的；高跟鞋的功能体现在其他方面。几个世纪来，高跟鞋一直是女性服饰的一个方面，被视为带有诱惑性的配饰，也因此备受指责。在西方时尚使用高跟鞋的前 130 年，只有享有特权的男性才会穿高跟鞋，但是到目前，高跟鞋已经成为女性性感的象征，尽管是一种复杂的象征。

　　凉鞋和靴子是由多种史前文明独立创新的，而高跟鞋则是一种更新、更局部化的发明。它们发明的准确时间，仍有待发现。在波士顿美术博物馆，藏有一只来自 10 世纪的内沙布尔（Nishapur）碗，它源自现在伊朗的某个地方，这可以证明高跟鞋至少早在 10 世纪就出现了。[2] 碗中央有一幅图，是一个人

　　（左图）贝丝·莱文是 20 世纪为数不多的女性鞋履设计师之一。她受周围世界的启发，经常将自己的观察融入独具智慧的鞋子中。这双闪闪发光的鞋子似乎是用金色鱼鳞装饰的。美国，20 世纪 60 年代

萨非王朝（Safavid）在 1540—1553 年的军事行动获得胜利。这件纺织品刻画的就是萨非朝臣押解俘获的格鲁吉亚贵族的情景。波斯人和格鲁吉亚人都穿着高跟鞋。波斯，16 世纪中叶

骑在一匹漂亮的骏马上。他正在准备战斗，也许是在准备打猎，一手抓着缰绳，一手拿着箭，高跟鞋滑入马镫之中。马镫的起源也有待考证，但是马镫使骑术发生了重大变化，骑兵姿势更稳，运用武器更加精准，军事行动也更加有效。[3] 鞋跟似乎是马镫技术的进一步发展，骑马者可以把脚牢牢地固定在马镫里。接下来的六个世纪，高跟鞋从西亚传到了欧洲边界。到 16 世纪，波斯人、莫卧儿人、奥斯曼人、克里米亚鞑靼人、波兰和乌克兰哥萨克人、匈牙利人都在穿高跟鞋。[4] 西欧人因为军事入侵、朝圣和贸易活动接触到了高跟鞋文化，但令人惊讶的是，他们并没有穿高跟鞋。欧洲人在 9 世纪时就已经使用马镫，而且早就开始从近东服装中捕捉灵感制作各种时装，但是直到 17 世纪初高跟鞋才出现在西方服饰中，才有了穿高跟鞋的证据。

　　高跟鞋的突然出现，原因很复杂。16 世纪，欧洲正经历着巨大的变化。奥斯曼帝国主义和海上贸易扩张所提供的机会，正在破坏传统的贸易关系，建立新的联盟。西班牙人和葡萄牙人试图通过航海绕开奥斯曼人对印度和东亚贸易的限制；而英国人和跟进的荷兰人，通过波兰和波斯绕过奥斯曼人的据点，寻找通往印度的内陆路线。[5] 尽管同印度建立贸易关系之初困难重

　　（右图）这是一只波斯高跟马靴，面料是绿皮革。呈卵石粒状的表面，是将湿马皮压到芥末种子中形成的。波斯，17 世纪

重，但波斯是开放的，到 16 世纪末，随着新统治者沙阿阿巴斯一世（Shāh 'Abbās Ⅰ）上台，英国和伊朗的关系变得更加牢固。与欧洲统治者一样，阿巴斯一世也对日益强大的奥斯曼帝国感到担忧，渴望与欧洲列强结盟。沙阿拥有世界上最强大的骑兵部队之一，尽管外界对沙阿本人知之甚少，但是沙阿的军事力量却如雷贯耳。正是在欧洲和波斯的政治利益一致的时候，高跟鞋才在欧洲时尚中首次亮相。

在讨论吸烟、喝咖啡以及探险家和商人新引进的其他未闻未见的习俗时尚时，当代评论很少提及高跟鞋在西欧服饰中的突然出现。这里存在一个漏洞，但是，源自那个时期的大量图片都描绘了高跟鞋这种新的时尚。西方艺术中许多最早的高跟鞋表现形式，可以在骑马者或穿马术服者的照片中找到，这说明在欧洲高跟鞋和骑马之间仍然存在联系。在 17 世纪 10 年代的描绘中，人们穿的高跟鞋，既是马术服装，也是正式服装，这表明为专门满足欧洲人的需求，高跟鞋的意义正在发生变化。17 世纪 30 年代，安东尼·范·戴克（Anthony van Dyck）为里士满第一任公爵詹姆斯·斯图尔特（James Stuart）画了一幅肖像，画中的高跟鞋引人注目，是时尚和地位的象征。在西方服饰中，高跟鞋刚开始流行初期，引发了许多有趣的创新，比如将高跟鞋和拖鞋融为一体。17 世纪 30 年代，亚伯拉罕·博斯（Abraham Bosse）创作了一幅一个男子演奏诗琴的版画，清晰地展示了这种短暂的流行趋势。最早的"拍击鞋"（slap-sole），这是该款鞋后来的名称，是一种将高跟鞋滑进平底拖鞋而形成的组合，可以防止脚后跟陷进泥里，但是图中的人很勇敢，穿的是两双高跟鞋，时尚值翻了一番。正是缺乏实用性的前景，赋予了这款高跟鞋如此持久的文化价值。

然而，高跟鞋最初吸引女性，并非因为其缺乏实用性；是它与异国情调、马术和男性气质的联系，才使它成为吸引人的配饰。17 世纪早期的女性时装，大量借鉴了男性服装，而高跟鞋则是使女性服装男性化的另一特征。[6]这种看法源自威尼斯驻伦敦大使的随行牧师，他在 1618 年指出，女性"都穿男鞋"。[7]这种趋势值得关注，但是也引发了批评。1620 年，英语小册子《男性化的女人：

詹姆斯·斯图尔特可能是在和狩猎灰狗合影,但是他的整套装束说明他的着装更为正式,他的鞋子带有大玫瑰花和自覆盖高跟。安东尼·范·戴克,《里士满公爵和伦诺克斯公爵詹姆斯·斯图尔特》,约 1633—1635 年,油画

这位绅士穿着拍击靴，可谓时髦至极。亚伯拉罕·博斯，《弹诗琴的男歌手》，17世纪30年代，蚀刻版画

治疗当代阳刚女性穿男装导致步履蹒跚症的药物》宣称，女性"沉浸在这些过度虚荣中，不仅从头到腰都男性化，而且一直到脚"。[8]17世纪早期高跟鞋被吸纳到女性时尚中，但是在18世纪之前，高跟鞋一直是男性特权表达的核心，尽管男女高跟鞋的款式开始呈现出性别差异，而且具有了性别化含义。

欧洲最早的高跟，通常用木头制作，覆以皮革，也就是所谓的"自覆盖高跟"，在形式上酷似波斯高跟鞋。叠层皮革高跟，是把薄皮革片叠起来制成的高跟，流行时间略晚，同样受到西亚款式的启发。[9]17世纪前几十年，男女都穿这两种高跟鞋；但是随着17世纪的缓缓推进，女性的鞋子倾向于使用自覆盖鞋跟，而男性时尚则涵盖这两种，只是穿着场合有所不同。皮革覆盖的鞋跟后来用于男鞋，在家里或更正式的场合穿，叠层皮革鞋跟在骑马和户外活动时穿。这两种高跟鞋的差别及男士适穿场合的不同，体现在17世纪后期法国国王路易十四（Louis XIV）对鞋子的选择上。就画像来看，他在宫廷或在家里穿的是自覆盖高跟鞋，参加活动时穿的是叠层皮革高跟鞋。在这两种场合，路易十四都经常利用鞋跟上的红皮革或红漆吸引眼球。路易十四通过红色高跟鞋着装宣示政治特权，增强了高跟鞋在男性时尚中的政治意义：尽管在路易十四之前红色已经成为时尚，但是在他的统治期间，那些有机会进入法国宫廷的人才获准穿带红色鞋跟的高跟鞋。[10]

　　随着世纪的推移，男女鞋跟之间的结构差异也在不断加大——男鞋鞋跟越来越高，同时也又厚又结实；女鞋鞋跟同样也越来越高，但是越来越细。脚的大小，也成为更明显的性别标志。"她的双脚，在衬裙下面，／像

　　这只鞋很可能是为一个富裕男子制作的。鞋的形状和叠层皮革鞋跟显示，穿这款鞋者是男性，鞋跟漆成红色符合当时的时尚。法国或英国，17世纪中叶

细高跟和尖头是 17 世纪末期女鞋的标志。图中这双鞋是用特别柔软的小山羊皮制作的，带有丝线刺绣。意大利，1690—1700 年

溜进溜出的小老鼠，/ 仿佛害怕光一样。"这几行诗来自约翰·萨克林（John Suckling）爵士的《婚礼歌谣》，[11] 捕捉到了时代的看法。理想中的美，偏爱娇美的小脚，高跟鞋便成为一种有效手段，把脚的大部分抬高遮在裙子下面，就会产生小脚的错觉。夏尔·佩罗（Charles Perrault）在 17 世纪末写出《灰姑娘》和《穿靴子的猫》便不足为奇了。[12] 随着鞋子的性别差异日益明显，与家庭生活相关的皮革覆盖高跟鞋，开始体现出女性的优雅，因此到 18 世纪差不多就被男性时尚彻底抛弃。

民族主义兴起使男装成为人们关注的焦点后，英国开始对穿高跟鞋的男性持谨慎态度。1666 年，查理二世（Charles Ⅱ）宣布，他正在"效仿波斯模式"创立一种新的时尚，[13] 试图宣布英国从法国时尚中独立出来，开启了现在所称的"男性大弃绝"（Great Male Renunciation）。采用受波斯启发的

服装，标志着背心和三件套西装的开端，但也为另一种源自波斯的东西——高跟鞋——敲响了丧钟。高跟鞋不但在法国时尚中举足轻重，而且还缺乏合理性，这些都使得它丧失了在英国男装中的立足之地。到18世纪初，"红色高跟鞋"一词开始象征娘娘腔和缺乏爱国情怀的矫揉造作。朱迪思·德雷克（Judith Drake）在《一篇为女性辩护的论文：人物包括学究、乡绅、花花公子、艺术爱好者、蹩脚诗人和城市批评家》一书中清楚地表达了这种偏见：

> 这些人首当其冲者是那位时尚花花公子，他的高跟鞋比脑袋更有学问……他四处旅行，参加时装盛会，穿最新裁剪的西装，配最漂亮的花式缎带剑结。巴黎有位挚友，是其舞蹈老师，故尊之为侯爵；另外，他主要光顾之所为歌剧院。曾见过法国国王一次，知道国王首席大臣的名号，于是坚信世界他处不存在政治家。他的进步体现在两个方面：一是着装风格获得新技能，二是对祖国高度蔑视。[14]

宗教思想家认为，人为地增加身高是对上帝的冒犯，因此也支持上述看法。1714年，"著名摔跤手兼男性和运动科学论文作者"[15]托马斯·帕金斯（Thomas Parkins）建议："造物主已经赋予了我们符合比例、完美匀称的身体，我们要停止以超越造物主为目标；因此，为了舒适自如，我们要依其设计的方式挺直身形，迈步前行，并降低我们的鞋跟。"[16]叠层皮革鞋跟虽然较低，但仍然是男子骑马靴的特点，17世纪和18世纪早期，脚穿高跟长筒靴、跨马厮杀的英勇领袖形象仍然在国家宣传中占据显著地位。然而，到了18世纪30年代，大多数男性已经停止在正式场合和家中穿自覆盖高跟鞋，而且在接下来的两个世纪里都没有再炫耀过高跟鞋，由此使高跟鞋成为女性的专用鞋履。

高跟鞋的性别化，也与欧洲兴起的启蒙运动的理性主义哲学相吻合。这种理论认为，女性受本能、性感和非理性激情的引导，而男性则受理性的约束。对服装感兴趣被视为女性的天生特质，而沉迷于时尚的愚蠢伎俩则被视为女

拖鞋,即不包裹脚后跟的鞋,长期以来一直是室内用鞋。添加高跟后,这款鞋便平添了色情元素。图中这双鞋饰有精致的银线刺绣,装饰鞋喉的褶边丝带最初是粉色。法国,1800—1840 年

性的弱点,甚至是其恶习的主要衡量手段。[17]高跟鞋已经成为文化批评的焦点,受到从缺乏爱国情怀到过分傲慢等各种谴责,而现在却从本质上被确定为女性服饰。

高跟鞋的女性化增加了其色情联想。但是,高跟鞋的色情意义并非体现在拉长了双腿或者吸引了人们的目光,因为女人的双腿不仅被遮住了,而且甚至还无法成为关注的焦点,1724 年的这段文字足可证明:

展示下半身绝非时尚,因为女人下半身充斥着丑陋、畸形和肮脏,否则女性展示下半身早就蔚然成风。不要以为她们怕让人觉得不谦虚:否,她们只是害怕男人会因此鄙视她们,憎恨她们。[18]

由此可见，高跟鞋独特的色情意义更多地体现在所穿鞋子的类型上。例如，女人在闺房穿高跟拖鞋，意味着亲密；在家甚至户外等更公开的地方穿高跟拖鞋随意散步，则象征着轻松随意，同时隐含着一些色情意味。

有些女人也许会利用这种色情意味。这种想法令18世纪的许多人感到不安。启蒙运动思想可能宣称只有男性是理性的，但是仍然存在一种根深蒂固的文化担忧，认为女性可能会利用服饰引诱男人、篡夺权力。这就像灰姑娘的继姐姐，一直在集体想象中阴魂不散。灰姑娘的高贵和美德，也许只有通过时尚的力量才为人所知，但是她的姐姐却试图利用时尚隐藏真实的自我，这说明狡猾的人可能会利用服饰暗中获得优势。这则寓言的寓意显而易见：穿高跟鞋说明脚很小，无论是真小还是想象，都可能会激发男人的性欲，从而给落入圈套者带来可怕的后果。

更常见的观点是，脚穿不实用的高跟鞋证明了女性天生缺乏判断力。1781年有人这样写道："活泼的哈里奥特（Harriott）穿着法式高跟鞋蹒跚而行，脑袋就像脚一样摇摆不定。"[19]这句话抓住了这位头脑空空却又迷人女性的本质。高跟鞋已经成为女性性感气质的一种复杂而矛盾的象征，用来证明女性枯乏的智力和狡猾的欺骗。未来数个世纪，这一系列含义将与高跟鞋密不可分。

到18世纪末，高跟鞋和贵族的其他装备成为人们嘲笑的对象。美国、海地和法国的革命促使时尚界拒绝贵族服饰，其中就包括女性高跟鞋。鞋跟在18世纪80年代达到前所未有的高度，到18世纪末减少到只有几毫米。这些民主倾向以及对希腊和罗马古物的热情，将高跟鞋驱逐出女性时尚超过半个世纪之久。19世纪早期，处于时尚前沿的女性效仿古希腊模特穿平底凉鞋，而相对保守的女性则穿精致端庄的平底丝绸或皮革拖鞋，用丝带系在腿上，这是罗马凉鞋的风格。

排斥贵族时尚导致女装抛弃了高跟鞋，但是高跟鞋却暂时重新进入了男性时尚。马裤和高跟鞋一样，带有18世纪的特权色彩，因此遭到抛弃。及踝长马裤代表着一个新时代，但是也提出了挑战。长马裤通常是针织的，设计得又长又瘦，不会下垂。这种风格是通过一根绑在裤腿下摆、裹在脚下的带

（上图）黑粉双色高跟鞋。到 18 世纪 80 年代，细高跟鞋为了吸引眼球经常采用对比色面料。可能是英国，1780—1785 年

（下图）当 18 世纪接近尾声时，高跟、鞋扣以及其他贵族服饰都成为人们嘲笑的对象。上流社会的鞋子采用皮革替代丝绸，是即将到来的文化变革的另一个标志。这双粉色鞋是用滚轴印花皮革制作的，所有圆点最初都是银色。英国，1790—1800 年

子实现的。长马裤可以穿在靴子里面，通常是黑森靴，或者是用带子绑在鞋底或靴底。后一种款式需要鞋跟阻止带子从鞋的后面滑脱。从那个年代的时尚插图可以看到，男子穿的高跟鞋鞋跟都相当高，而且生活指南也建议身材矮小的男子应该捉住新的机会增加身高，当然务必要谨慎从事。[20] 最终，长马裤让位于更为宽松的裤子，不再需要合适的挂带了。长马裤的消失，消解了日常穿高跟鞋的借口，因此男人在城市穿高跟鞋会遭到嘲笑。

对于女性而言，失去高跟鞋不仅仅是拒绝贵族式的放纵，还标志着诠释理想化女性气质过程中的一次深刻转变。新出现的家庭生活热潮，限制了"值得尊敬的"女性与家庭之外更大社区的互动；不适合继续再穿的精致平底鞋，则反映出她们对公共领域参与的缺乏。

做母亲是女性的天职，如果希望在世界上拥有发言权，就要接受劝告去认真培养道德正直的公民，借此对社会施加影响。许多女性对这些限制感到不安，到 19 世纪中叶，她们开始运用自己作为家庭道德管理者所享有的权利，开始在公共领域参与道德事务——首先是废除奴隶制，其次是争取选举权。女性越来越多地参与公共事务似乎引发了回应，高跟鞋连同它在 18 世纪的所有联想意义都重新融入时尚。在高跟鞋重新回归之前的 1852 年，有一段文字清楚地阐释了高跟鞋的一系列意义：

> 的确，高跟鞋是一种既糟糕又怪异的奢侈，一种无用又令人不安的虚荣，一种严重伤害踝关节的时尚，它之所以成为一种"时尚"，仅仅是因为前一个时代的"淑女"……想"令人刮目相看"，其实她们"一无是处"——只不过是头戴气球王冠、脸贴遮丑面贴、脖颈挺长如孔雀、双脚踩着高跟鞋，进行炫耀罢了。[21]

重新推出高跟鞋是更大时尚潮流的一部分，这种潮流明显参照了 18 世纪的服装，复活并强化了对女性的负面印象，重塑的女性身上穿的服装让人联想到贵族式的放纵和女性的轻浮。到 19 世纪 60 年代，新的鞋跟出现了，形

式和意义都带有洛可可风格。这种鞋跟被称为路易鞋跟（Louis heel），是用来纪念18世纪的法国国王路易十五（Louis XV）的，从而明确了它与贵族过去之间的联系。

高跟鞋的重新推出，立即被迅速兴起的妇女权利和服饰改革运动拥护者注意到了，他们谴责高跟鞋从生理和政治上都破坏了女性的稳定。然而，他们的呼声却无人理会，因为正如《基督教问询报》在1859年报道的那样，服装改革倡导者面临的反对来自"时尚、品位、教育、纺织品经销商、殡仪员……［尽管］改革能够敦促人们关注健康、节约和常识"。[22] 尽管有人把高跟鞋作为时尚推广，但是可以预见，高跟鞋会成为人们谴责的焦点，即使对服装改革不感兴趣者也会指指点点。不出所料，高跟鞋以及与之相关的轻率行为也都成了攻击目标。有人嘲笑女人穿上高跟鞋的站姿。现在认为，女性穿上高跟鞋后的姿势充满诱惑，令男性在生理上无法抗拒；但是与今天的看法恰恰相反，19世纪60年代认为女性穿上高跟鞋，丑态百出，从而饱受批评。她们的这种姿态被戏称为"希腊式伛步"（Grecian bend）。高跟鞋成了身体扭曲变形的罪魁祸首，这种畸形被讥讽为虚荣导致的疾病：

> 灾难会让整个社会感到惶惶不安，其中就包括传染病的流行，特别是那种难以医治的疾病。这种叫"希腊式伛步"的瘟疫，我最早是从一位牧师那里听说的，他告诉我他所在的教区有一个居民到目前为止性格都是无可挑剔。

但是事情并不止于此，牧师接着说他曾提醒妻子和女儿避开这个病人，她的疾病已经让她看起来像跛脚袋鼠。[23] 其他人都在关注穿高跟鞋导致的踩高跷似的步态。高跟鞋甚至被当作女性不适合投票的证据。1871年《纽约时报》

（左图）如果长马裤同靴子一起穿，靴筒要苗条，靴底要有跟，防止靴带滑脱。图中这款精致靴子可以搭配长马裤等裤子，也能够让穿者增加身高。维也纳，1846年

　　19 世纪 50 年代中期，一股 18 世纪服装的怀旧之风悄然兴起，高跟鞋重新进入女性时尚。"路易跟鞋"一词就诞生于此时。这双栗褐色阿德莱德靴，靴跟高度适中，曾经的主人是法拉利伯爵夫人（Contessa Fravineti di Ferrari）。法国，约 19 世纪 60 年代

"THE GRECIAN BEND"

FIFTH AVENUE STYLE.

　　高跟鞋等受18世纪影响的时尚，与男性灰暗的商务套装和朴素实用的鞋子形成鲜明对比。这种时尚的复兴强化了女性是"时尚奴隶"的负面看法。女性穿上新高跟鞋后的姿势，不仅备受指责，而且也遭到漫画的讽刺。托马斯·沃思（Thomas Worth），《希腊式伛步：第五大道风格》，约1868年，石版画

有一篇社论说：

> ［高跟鞋］开始流行之初，有几位明智的男士告诉女士们……3英寸高的鞋跟……肯定会导致痛苦和畸形……凡是有魅力的女性，不论多么理智和独立，也不管性情多么稳定，似乎都不能摆脱时尚的奴役，无论牺牲多少时间、舒适、金钱和健康都在所不惜。选举权！任职权！先给我们看看足够独立、足够理智……穿得很漂亮……但是鞋子不会影响舒适度和步态的女人吧。[24]

女性高跟鞋与女性选举权和任职权之间可能存在联系，看起来也许有些过头，但是在未来的岁月，尤其是随着女性步入公共领域，这些看法将会一次又一次地重现。

19世纪特权女性尝试进入市民领域，让人充满焦虑。对家庭生活的狂热表明，受人尊敬的女性不必涉足更广阔的世界，有些女性在公共领域活动被认为是经济所迫；她们的道德受到怀疑，她们与家庭之外的男人交往也导致许多不检点的嫌疑。新的呼吁要求增加受庇护女性的行动自由，有一种可以接受的对策就是让她们参与非生产性休闲和炫耀性消费等公共活动，以显示家庭财富。[25] 新修建的城市大道和新出现的百货公司成为女性休闲活动的场所，她们可以穿着精致的绣花高跟靴在这里漫步，通过身上穿的和购买的时装展示家庭的财富和影响力。这种新兴的炫耀性消费，出现在鞋履生产史上的一个关键时期，最终促成备受赞誉的鞋履设计师横空出世。

19世纪，制鞋业从工匠手工制作转变为工业化制造。品牌识别成为打造品质的主要手段，设计师作为品位和风格权威的理念也随之确立。法国制鞋

（右图）皮内靴的定位介于定制和量产之间，采用昂贵耗时的手工装饰和抛光技术，因此质优价高，只有富人才能买得起。皮内积极创新，发明了机器专门制造路易十五鞋跟。这种鞋跟曲线优美，在19世纪60年代流行一时。法国，约19世纪80年代

商弗朗索瓦·皮内常常被视为第一位著名鞋履设计师。他制作的鞋履，融合了前工业时代的手工制作和先进的工业制造，采用精致的手工刺绣鞋面搭配优雅的"皮内鞋跟"。皮内鞋很快成为人们心仪的目标，他的名字也与奢侈联系在一起。一如既往，女性消费奢侈品会授人以柄，人们会指责她们贪婪，告诫她们不要轻率，更不要丧失美德。

　　"一个女人，如果涂腮红，染头发，束紧腰，穿太高的高跟鞋，也许道德并不坏，但肯定会遭到人们的误解，不会被当成淑女。"[26] 这些出自 1888 年《妇女家庭》杂志的告诫，是 19 世纪后半叶劝诫女性的众多例子之一。这些劝诫为女性提供穿衣建议，避免被当成"德行缺失的女人"。女性犯罪问题成了当时议论的话题。女性成为妓女，本身是 18 世纪社会风气的再现。此时，这种针对女性的看法引发了大众的想象力。知识分子和艺术家痴迷于这一主题，而大众媒体则无休止地玩弄男性无意中教唆"诚实"女性的辞藻：

> 但是，如果我们无法根据穿着区分体面时髦的女人和妓女，我们有理由感到悲伤：因为时髦女人已经穿上所有的服装，戴上所有的华丽饰品，用尽服饰打扮的所有窍门，就是为了炫耀自己，在大街上引起别人的注意，而在几年前这些东西都被认为是妓女的专属之物。[27]

　　妓女跟上流社会的女人一样，喜欢奢华；而且，她们也跟上流社会的女人一样，喜欢穿 18 世纪风格的服装，其中便包括高跟鞋，只不过高跟鞋有点太高。此外，妓女被描绘成超级操纵者，她们也许和许多体面男人衣着考究的妻女一样口是心非，表里不一。

　　与性工作有关的女性高跟鞋被色情化，起推动作用的不仅仅是针对妓女的幻想形象。相机发明后，色情作品专家立即使用相机拍摄几乎是只穿鞋子的女性，这种做法一直延续至今。瓦莱丽·斯蒂尔（Valerie Steele）指出，就形状而言，鞋子和早期照片中的长筒袜都被用来暗指女性生殖器。在更为概念化的层面上，鞋子的出现通过其日常联想增强了色情图片的窥阴吸引力。

这张 20 世纪初的经典"法国明信片",是一种典型的用高跟鞋增加图片诱惑力的色情图片。法国,19 世纪晚期

当代鞋子出现在这些"法国明信片"上,使这些图片避免了沦为隐喻或寓言的命运;鞋子从时间和空间上把身体定格,从而使女性留住了赤裸和真实。这些色情图片的广泛传播,赋予了女性日常穿的鞋子更多色情意义,随着世纪的慢慢推移,高跟鞋越来越让人联想到私人和公共两种领域。

随着色情意味的增加,鞋跟的高度也随之增加。鞋跟更高暗示的是超越常规和极不实用,英语媒体一直给高鞋跟贴上"法式高跟"的标签,体现了一种古老的文化偏见,将法国的万物与更严重的道德放纵和 / 或更诱惑人的诡计联系在一起。到 19 世纪 90 年代,这些"法式高跟"经常出现在专门设计的带有性暗示的鞋子上。高跟长筒靴的设计给观者带来了刺激,但也预示着变化。短短几十年间,衣裙下摆将会升高,女性的腿——以及她们穿的高跟鞋——将完全可见。对高跟鞋的这种色情认可得到加强,引发的后果体现在两个方面:一是 19 世纪末出现了鞋跟高得离谱的恋物鞋,二是人们逐渐认

167

穿上这款恋物鞋后人很难站稳，因此显然不是为户外设计的。欧洲，20 世纪初

识到高跟鞋不再适合年轻女孩。

在时尚高跟鞋成为性感女性象征的同时，在美国西部另一种独具魅力的高跟鞋正成为不屈不挠的个人主义的象征。西部"大开发"之际，也正是美国男子气概逐步压倒文雅气质之时。这种趋势始于18世纪早期，当时"实干"的人开始取代儒雅的人。前者经营自己的地产，或者参与国家军事行动，而儒雅者的彬彬有礼则开始被视为女人气。这是男子气概的一种本质主义概念，跨越了社会经济的界限，将性别与个人功绩联系起来，从而赋予了男性更多公民权。

男子汉气概意味着国家建构，正是这种男子汉形象帮助奠定了"美国价值观"的基础。美国价值观包括对不屈不挠的个人主义的深刻敬畏，这与旧世界（Old World）的优雅和传统看法形成鲜明的对比。那些最终代表最富男子汉气概的人是牛仔，这个复杂而顽强的群体由来自欧洲的新移民、刚解放的非裔美国奴隶、墨西哥人和退役军人组成。他们享有一定程度的浮华，这在城市环境中会招致嘲笑，但是他们工作艰苦，这种浮华是可以容忍的。乔治·W.温盖特（George W. Wingate）《骑马穿越黄石公园》（1886）一书中对牛仔们穿高跟鞋的时尚感到震惊："他们有些人和任何人一样，都是时尚的奴隶……带法式高跟的靴子很受欢迎。"[28]《我们的大西部：美国新州和州府的现状与未来趋势研究》（1893）一书中有这样一段话："穿上牛仔靴无法走路，实在是太紧了。你明白，我们穿高跟靴，都要尽量小一些……牛仔对脚的造型很讲究，他们有权这么做，他们买一双靴子竟然要花15美元。"[29]这些评论看似是对牛仔的完美讽刺，其实讽刺的是时髦世故的城里人；高跟牛仔靴被认为是务实男人的必备之物，是职业工具，并非仅仅是时髦浮夸的东西。[30]像廉价小说和野牛比尔西大荒演出所展示的那样，牛仔代表着美国人看重的个人自由和自力更生的梦想，高跟鞋对他们的形象意义重大。

然而，在女性时尚中，高跟鞋并没有这种英雄般的联想。当女性试图在政治领域站稳脚跟时，妇女参政论者无论穿什么鞋子，媒体都给予了她们负面评价。穿凉鞋的邋遢女人和穿高跟鞋的风骚女人，都被反妇女参政论者所

利用。一些批评人士诋毁女权运动人士，说她们衣服邋遢鞋子丑陋，而其他反妇女参政论者则采取了相反的策略，认为妇女参政论者对穿"法式高跟鞋"等时尚采取默许态度，这显然说明她们缺乏理性。为了应对这些极端看法，妇女参政论者穿着中等高度的纽扣靴上路，试图在两种夸张的观点之间冒险一搏。最终，妇女赢得了选举权，但是关于鞋跟高度和品格关系的固有看法依然没有消除。

"一战"刚刚结束，女性便获得了选举权。主张妇女参政的女性经过艰苦斗争，为战后时期的女孩赢得了自由，使她们从中受益。可是战争和1918—1919年流行的西班牙流感，使适婚青年男子数量锐减，由此加剧了女性之间的社交竞争。与此同时，那些女孩也正在一天天长大成人，面临着极大的压力。对许多人而言，上一代和正在变老的这一代妇女参政论者，看起来就像反妇女参政论者漫画中去女性化的丑陋老太婆，正如一位年轻女性所写："这帮斗争中的老女权主义者，穿着平底鞋，几乎没有女性的魅力。"[31]新时代似乎需要一种新型的女性气质。

这一时期女性生活的变化令人震惊。女性不仅获得了选举权，而且外出和社交活动都有所增加。她们出去旅行，去上大学，开车外出，内涵丰富的"放纵"（racy）一词成了这些现代时尚女性的标签。这个快节奏的新世界的标志是媒体宠儿——年轻的时髦女郎，她们的风格和道德似乎不受任何约束。她们男孩子气的体态似乎在否定女性的外形，她们令人震惊的短发与传统背道而驰，还不道德地裸露肌肤、使用化妆品以制造一种超级性感的情调——要是放在以前，只有"放荡女人"才会这样做。唯一没抛弃的是高跟鞋，随着裙摆的升高，高跟鞋也更加引人注目。如今，高跟鞋已经暴露无遗，色情意味更加浓厚，20世纪20年代，只穿高跟鞋的裸女摆拍原型成了色情摄影的主要造型。

（左图）高跟纽扣靴深受时髦的主张妇女参政女性的欢迎，巴利靴便是其中一款。这些女靴受男装影响，看上去严肃得体，采用的高跟体现了女性气质。瑞士，1916年

从这张宣传画可以看出，时髦女郎许多令人震惊的行为都是媒体的杜撰。《酒瓶新事：随基思剧团演出的娇美舞者雷亚小姐（Mlle. Rhea）掀起了华盛顿吊袜带藏酒瓶热潮》，1926年1月26日

　　然而，20世纪20年代，色情和高跟鞋之间的联系仍然与身体姿势无关。现在的看法是高跟鞋使女性胸部前凸，臀部后翘，这种姿势令男人无法抗拒，但是这种观点并非20世纪20年代高跟鞋魅力的一部分，当时女性笔直的身姿可以清楚地证明这一点。20世纪20年代的短裙首次赋予了女性高跟鞋一个功能，即从视觉上使腿显得更长。但是，高跟鞋的真正意义在于延续了几百年来女性气质有悖常理的观点。时髦女性表面上很现代，但是她们穿上高跟鞋后也不过是升级版的缺少理性与妩媚性感并存的女性，她们选择鞋子的荒唐证明了其本质上的轻浮，难免会招致批评。

　　"怀着维护健康和道德的神圣热情，他动用各种语言手段谴责这种邪恶的东西……希望把所有高跟鞋制造商都送进监狱，因为高跟鞋造成了伤害和残疾。"[32]这则报道是许多报道之一，发表在1920年的《华盛顿邮报》上，内容是华盛顿最著名的外科医生之一在面向300名女性的讲座中呼吁她们抵制高跟鞋。医生纷纷谴责高跟鞋对姿势和脚部健康造成的危害，媒体也为女性缺乏理性、不愿放弃时尚而扼腕叹息。在时髦女郎重塑非理性女性形象的同时，医生取代了传教士，对女性选购鞋子不断发出义正词严的劝告。医学担忧很快便与道德担忧合二为一，呼吁完全禁止高跟鞋。詹姆斯·H. 柯比（James H. Kirby）在争取美国参议院提名时发布的施政纲领便包括禁止穿高跟鞋。1930 年的《纽约时报》曾经引用过他的一句话："烈酒和高跟鞋……正把美国推向灭亡。"[33] 美国各地的头条新闻宣称，许多州的立法机关都提交了旨在禁止高跟鞋的法案。得克萨斯州的代表 J. B. 盖茨（J. B. Gates）曾在立法机关提出一条法律，为了公众健康，禁止穿高于 1.5 英寸的高跟鞋，有

这是一双德邦特公司（Th. J. de Bont）制作的鞋子，鞋面上的金色星爆图案把动态装饰艺术转变成时尚。荷兰，1922—1925 年

人提醒他说，在得克萨斯州不光女性，牛仔也会受到这项法令的影响。[34] 禁止穿高跟鞋的尝试，不仅仅限于美国。在法国，巴黎警察局也禁止人们穿高跟鞋，但是动机不同。这项禁令不是出于道德，而是为了鼓励工人节俭。不出所料，制鞋商强烈谴责这些法案，他们反对说既然 60% 的女性穿高跟鞋，那么一纸法律将他们销售的鞋子鞋跟限制在 1.5 英寸，将会引发可怕的经济后果。[35] 的确，制鞋业正在为"他们称之为'鞋履意识'的觉醒"感到高兴。[36] 通过这种意识，越来越多的女性开始考虑鞋子在服装中的作用，进而购买更多的鞋子，其中大多数都是细高跟。[37] 这一时期出现的这些报道，加上大众心理学家提出的女性在某种程度上天生就对鞋子痴迷的说法，引发了"女性就是喜欢鞋子"的文化自负。对高跟鞋的关注，也使得高端鞋履设计师是时尚权威这一观点日益重要。

20 世纪 20 年代，这些设计师中名气最大的当属安德烈·佩鲁贾，他是 20 世纪最具创新精神的鞋履设计师之一。他出生在意大利的一个鞋匠家庭，从小继承家学，16 岁就在尼斯（Nice）开了一家自己的店铺，出售精美的手工制鞋。20 世纪 10 年代，著名时装设计师保罗·波瓦雷在尼斯的内格莱斯科（Negresco）高级度假酒店发现了他。到 20 世纪 20 年代，国际影星和巴黎上层社会成员都穿佩鲁贾设计的鞋子。他的前卫设计突破了鞋跟结构的界限。1936 年，有人问他对未来鞋履的看法，他回答说："如果世界经济处于完美状态，包括实行两小时工作制，将不会有实用的鞋子。将来，鞋子会采用金属（金、银、钢、铝），不是因为比皮革更耐用，而是因为金属会使脚看起来更漂亮。"[38] 他的话颇有先见之明，因为他后来又设计出了一些 20 世纪最具创新性的高跟鞋。

如果说高跟鞋在 20 世纪 20 年代女性时尚中是无法改变的，那么男性身高正成为一个文化问题，这一问题反过来又增强了对男性穿高跟鞋观念的文化敏感性。"一战"造成严重破坏，全球局势也动荡不安，致使男性人口史无前例地减少，结果加剧了对适婚单身汉的竞争，鼓励女性支持日益性感的时尚，但这也引起人们对男性健康的更大关注。更令人不安的是，它使得基于身体特

安德烈·佩鲁贾设计的鞋子富有想象力，这只银青双色鞋便是证明。它采用"阿拉丁鞋尖"，这是他最喜欢的鞋尖形状之一。精美的黑色条纹贴花也让鞋跟充满吸引力。法国，20 世纪 20 年代或 30 年代初

征的种族优越感成为令人关注的话题，在涉及两个问题时尤其如此：一个是对"种族"混合的担忧，另一个是针对移民增加对"来自英国的初代"公民造成的污染的担忧。1918 年，《应用优生学》一书收录了威斯康星大学社会学教授爱德华·A. 罗斯（Edward A. Ross）的预测，说一波波进入美国的新移民"在许多情况下平均能力不如早期的移民种族"，将会使"外貌俊美的美国人"减少，导致"身材更矮，道德堕落，总生育率提高，平均天赋大幅降低"。[39]

19 世纪，人们利用达尔文适者生存的观点把身高等因素和性吸引力联系在一起。此后，这种观点便一直在西方思想中发展。到 20 世纪 20 年代，自助类图书将其传播给大批受众，引起的与男性身高有关的焦虑更加严重。

1920 年出版的《个人之美与种族改良》一书指出：

> 一名男子，令人合意和不合意之处兼而有之，但身高略低于中等。衡量他是否英俊时，［女性就会对］其身材提出批评……如此偏爱身材无疑可以追溯到更为原始的时代，那时最重要的是男人应该成为斗士和猎人，为妻子和孩子寻找食物，保护他们免遭野兽攻击和其他男人的侵害。[40]

到 20 世纪 30 年代初，全球紧张局势不断加剧，男性身材进一步卷入当时的种族政治。身高与天生优越的观点联系在一起，那些敢于穿增高高跟鞋的男人因此受到嘲笑。与频频遭到嘲笑的男子假发一样，高跟鞋只是起到了突出天生缺陷的作用。但是，并未丧失所有希望。插跟这种悄悄植入商务鞋内增加身高的衬垫，已经开始广泛流行。[41]

就在人们对男性的自然身高日益敏感之际，松糕鞋开始成为女性的时尚。它最早出现在 20 世纪 20 年代，是女性沙滩装的一部分。随着战争开始酝酿，这种提升身高的鞋子反而越来越受欢迎，只不过男人认为时尚女性衣柜中的这种必备之物并没多少吸引力。美联社 1940 年的一篇文章说："现在，男人几乎都讨厌坡跟鞋。他们说，过去看到女性穿着细长高跟鞋，露出精致的脚背嗒嗒地走过，让他们一整天都很开心。"[42]《纽约时报》同时宣称："为了取悦男人，出现了一种带有普通高跟的极其女性化的鞋。"松糕鞋在男性色情作品中也极其少见。《时尚先生》（Esquire）杂志创刊于 1933 年，面向中上层男性消费者，在高端服装、烟草制品和白酒的广告页面中使用了"艺术性"美女海报。艺术家乔治·佩蒂（George Petty）创作的《漂亮女郎》和后来的阿尔贝托·瓦尔加斯（Alberto Vargas）创作的《瓦尔加女郎》，都是赫赫有名的全页幻想半裸女素描或者绘画。它们都是基于穿着高跟鞋、衣着暴露的标准色情模特绘制完成的。虽然这些海报上的鞋子有一些变化，但还是以夸张的高度和经常极为纤细的鞋跟为主。其实，在 20 世纪三四十年代，半裸女郎海报画的大多数鞋子，就像穿这些鞋子的女性一样，只出现在艺术家和观

176

　　20世纪三四十年代，衣着暴露、穿着高跟鞋的长腿女人成为男性色情产品和广告中的重要元素。瑞士，1928年

仔细观察这架飞机上的海报女郎会发现，她穿的是一双高跟拖鞋。一架"解放者"B-24 轰炸机的机头艺术，约 1945 年

众的想象中。像铅笔一样细的高跟鞋要等到"二战"以后才发明出来。

在战争爆发以及整个战争期间，脚穿高跟鞋的漂亮电影明星和迷人女郎照片或图画被用来唤起部队的战斗精神。经政府的默许，衣着暴露、穿细高跟鞋的美女海报被张贴在了飞机驾驶舱和军营里，甚至被士兵自己画在了飞机和其他军事装备上。当时的好莱坞众星闪耀，其中最著名的美国海报女郎是贝蒂·格拉布尔（Betty Grable）。在照片中，她身着连体泳衣，价值百万美元的美腿裹着高跟鞋。这些海报女郎即使没穿鞋袜，他们的脚也经常不自然地拱起，仿佛穿着隐形高跟鞋。但是，值得注意的是并未见到穿工装鞋或时尚松糕鞋的女性图片。性吸引力被认为是激励军队走向胜利的动力，而高跟鞋则与性感女性的塑造息息相关。

在国内战线，女性接替了男性参战丢下的工作。人们推崇的是她们的吃苦耐劳，并非女性魅力。数百万女性响应号召，开始穿实用的低跟鞋。战争时期女工没有时间穿性感的鞋子。军人的女朋友和妻子留守在家，不应该引起过多关注，但是她们的确渴望在休息时间里能有几分魅力。她们可以购买到时髦的松糕鞋和坡跟鞋，这些鞋子是用软木、酒椰和其他没有因战争而受限制的材料制成的。这些时尚但不带色情元素的鞋子，弥补了战时物资的匮乏，也帮助制鞋商能够维持运营。随着战争接近尾声，脚踏实地支持战争的女子和被士兵痴迷意淫的丰满性感女郎之间的差异日益明显。1945 年，一名从战场归来的士兵这样说道：

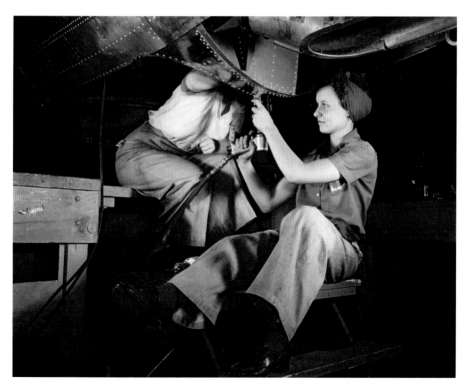

　　与海报女郎截然不同，在战争期间，大多数女性穿的都是实用的低跟鞋。也许这些妇女检修的这架轰炸机还会继续装饰穿高跟鞋的女子图像。《妇女检修轰炸机》，1942 年 10 月

> 海报女郎是男人唯一的女伴……很快，男人就会相信所有女人都像海报女郎一样。但是，当他回到家发现妻子或心肝宝贝不符合自己的理想时，可以想象他有多么失望。海报女郎的照片已经够糟了，而佩蒂和瓦尔加女郎就更糟了。女人根本就不能塑造成那个样子。[43]

战后，一种新型女性气质，一种家庭化的海报女郎成为文化理想。迪士尼的灰姑娘，是1950年出现在银幕上的一个纯真无瑕的瓦尔加女郎，她放弃了棕色工作拖鞋，换上了一双高跟鞋。同样，女性抛弃了系带工作鞋和笨重的松糕鞋，为细高跟鞋的发明做好了准备。

20世纪50年代早期发明的细高跟鞋，让海报女郎穿的那种虚幻的鞋子成为现实。细高跟鞋起源复杂，难以界定，但是随着克里斯蒂安·迪奥新造型的出现，高跟鞋开始变得更高更细，这一点非常明确。然而，这些战后不久出现的高跟鞋，其纤细程度是相对的。作为迪奥新造型的补充，菲拉格慕设计的高跟鞋优雅且富有曲线美，但是还算不上细长。安德鲁·盖勒（Andrew Geller）的一款高跟鞋，被描述为细高跟鞋，其图片曾出现在1952年出版的美国《时尚》杂志上，在现代人看来鞋跟还是相当粗，但在当时却引人注目，非常时髦。Stiletto这个词被用来形容盖勒高鞋跟，但并不仅仅指这种鞋跟。人们还用这个词来形容20世纪50年代初的各种时髦、现代、优雅的设计，比如美国空军新研制的细长"x-3短剑验证机"（x-3 Flying Stiletto）和迪奥新造型过时后开始流行的窄款新时尚廓形。[44]迪奥1953年的埃菲尔铁塔系列和次年的H系列，都体现了"细高跟鞋的纤细"，这一纤细的廓形需要同样"纤细"的鞋跟。又高又细的高跟鞋出现在女性曲线受到遏制的时候，这说明女性穿高跟鞋的姿势同样取决于生物力学和文化实践。时尚想要的是一种造型，好莱坞推广的却是另一种造型。1955年的电影《七年之痒》由身材丰满的玛

（右图）这款钢制尖鞋跟高跟鞋由罗杰·维维亚为德尔曼-迪奥设计，可以搭配克里斯蒂安·迪奥正在推广的新流线型廓形。法国，20世纪50年代中期

丽莲·梦露（Marilyn Monroe）领衔主演，她的紧身衣不但没限制反而突出了她的曲线。她穿着又高又细的高跟鞋，每次抬脚迈步都使她曲线毕露。

细高跟鞋的流行需要制鞋商探索新的材料，这些材料可以做得很细，但是仍能支撑一个女人的体重。他们的选择是钢。第一款钢制细跟是 1951 年佩鲁贾为克里斯蒂安·迪奥制作的晚宴凉鞋。一篇题为《钢制鞋跟撑起新鞋子》的报纸文章称之为"开天辟地第一款"。[45] 佩鲁贾钢制鞋跟呈长而扁平状，后来证明对那个时期而言实在是太小了，但是他使用钢作为高跟鞋的结构支撑，被证明是一种革命性的创新，许多设计师很快便开始亲自诠释细高跟鞋。

罗杰·维维亚是迪奥选中加入迪奥之家（House of Dior）的鞋履设计师，1953 年他设计出了一些在 50 年代令人梦寐以求的细高跟鞋。维维亚签约纽约赫尔曼·德尔曼期间引起了迪奥的注意。他从 20 世纪 30 年代开始为德尔曼设计，到 50 年代初引起了迪奥的注意。[46] 1953 年，维维亚通过女王御用制鞋商雷恩公司和德尔曼之间错综复杂的合作关系，为即将成为女王的伊丽莎白二世设计加冕礼用鞋。完成了这次委托之后，德尔曼和迪奥签订了合同，授权迪奥使用维维亚的名字。他成为唯一一个在迪奥产品上添加自己名字的设计师。

细高跟鞋在维维亚和菲拉格慕等设计师的精雕细琢之下，很快就成为女性几乎必备的服饰，媒体认为这款鞋子适合各种活动，可以打扫房间，可以娱乐，当然也可以诱惑男人。但是，有些工作环境显然不适合穿这种高跟鞋，譬如女性前些年工作过的军工厂。像前些时期的高跟鞋一样，细高跟鞋是有用的工具，能够保持对女性的刻板印象；从对丰满性感女郎走路时扭动身体的描述，到女性高跟鞋鞋跟被自动扶梯或井盖夹住的纪录片，无论是哪一种形象，高跟鞋都非常重要，这也表明女性对鞋子的选择反映了她们对时尚的非理性屈服。细高跟鞋也是一种高度色情化的鞋，它在男性色情作品中的地

（左图）罗杰·维维亚设计这些鞋子，采用迷幻色彩图案、镶有莱茵石的大扣子和低跟，这些都是 20 世纪 60 年代时尚的标志。法国，20 世纪 60 年代中期

位很快便无与伦比。在整个 20 世纪 50 年代，穿高跟鞋的女性频频登上《花花公子》（*Playboy*）、《奇异》（*Bizarre*）等男性杂志，赋予了女性日常所穿的高跟鞋更多色情意义。这些联想还赋予了鞋跟高度更多的性意义：细高跟鞋很高，似乎暗示着一种侵略性性行为。Stiletto 一词，在意大利语中意为小刀，虽然通常也用来表示时髦，但是也可能意味着危险和可能的威胁。自 20 世纪 30 年代以来，夸张的高跟鞋一直是色情意象的重要组成部分，贝蒂·佩奇等创作的海报女郎的普及让稍高一点的高跟鞋更具前卫感。相比之下，鞋跟较低的猫跟鞋（kitten heel）被认为更适合朴素的主妇或十几岁的青少年。到这个年代末，高跟鞋已经非常自然，新的芭比娃娃诞生了，是美国对德国《图片报》中的情色莉莉娃娃（Lilli doll）的"健康"诠释，她的双脚只穿着高跟鞋。从在海滩或其他地方拍的照片可以看出，现实中的女性也许并未穿鞋子，但是她们也会踮着脚尖摆好姿势，仿佛穿了隐形高跟鞋一样。

　　尽管高跟鞋在女性时尚和男性色情作品中无所不在，但是到 20 世纪 60 年代，"青年大骚动"（youthquake）运动开创了一种新风尚后，它的优势便开始受到挑战。当时，以伦敦成衣精品店为中心的年轻设计师，开始从童装获取灵感进行时装设计。身材苗条的长腿模特穿上了受小女生启发的服装，包括短裙、紧身裤或及膝袜，还有幼稚的低跟鞋履。这次，很多男士还是无法接受。托马斯·米汉（Thomas Meehan）在文章《所有女人都去哪儿了》中感叹道："小女生风格的衣服几乎没有给胸部、臀部等留出空间，从美国男人的角度看，明显没有女人味。"[47] 鞋跟的缺失，对"喜欢看女人的男性可谓残忍"。[48] 但是，拒绝高跟鞋不仅仅是风格上的转变：它反映了婴儿潮出生的一代人对战后状况日益不满。伦敦时装设计师玛丽·昆特推广的短迷你裙，被称为"妇女解放的最后呼声——提高女性的经济独立性……长裙碍手碍脚，把女人束缚在家里。短裙尖叫着：'我要走出家门'"。[49] 同样，妇女解放运动活动分子和回归自然的嬉皮士拒绝高跟鞋，认为高跟鞋是受压迫的标志。女性高跟鞋的重要地位，还仅仅保留在男性色情作品中。不过，在男性时尚领域，高跟鞋就另当别论了。

随着文化规范受到审视，男性也开始质疑现状，于是时尚为他们提供了摆脱 20 世纪 50 年代古板着装规范的机会。作为"孔雀革命"的一部分，针对男性推广的服装日益奢侈，这说明就男女两性而言，男性理所应当更需要装饰打扮；动物王国以及其他文化和其他年代的男装为此提供了范例。作为"孔雀革命"的一部分，男性拥有了众多新款式，其中就包括鞋跟略高的鞋子。《时代》杂志报道说："情况有点令人担忧，十几岁的男孩开始穿高跟鞋了。"[50] 约翰·列侬的高跟披头士靴（Beatle boot，即切尔西靴）在引领潮流方面发挥了作用。

到 20 世纪 70 年代初，"孔雀……收起了尾巴上的羽毛，即一位时尚领袖[所称的]'过多主义'的牺牲品"。[51] 男鞋时尚更加中规中矩的回归，因选择个性配饰和保留男鞋持续增高的鞋跟而有所缓和。《华盛顿邮报》报道："有人觉得很多时尚表达会以鞋子等配饰的形式出现……男鞋的鞋跟更高了——既有保守款式，也有脑洞大开带 3 英寸插跟的五色绒面款式。"也许更有趣的是，广告宣传说这些增高的鞋跟通过有目共睹的方式，增加了男性身高，提升了他们的"阳刚之气和信心"。[52] 这些结实的高跟经常是自覆盖式的，并非叠层，可以追溯到 18 世纪初宫廷纨绔子弟穿的鞋子。这一点经常刊登在媒体上宣传，公开驳斥这些高跟鞋借鉴了女性服装的说法。

这些穿高跟鞋的人，有一种是黑人剥削电影中的皮条客，在 20 世纪 70 年代的许多媒体中，这种角色问题重重，但很受欢迎。在电影《老兄》（*The Mack*，1973）中，皮条客是"雄孔雀时尚界的潮流引领者。皮条客和其他黑人骗子团伙（骗子、彩票赌博庄家和毒品贩子）是最早穿淡紫色和粉色西装、波浪形衬衫和双色多孔超级叠层高跟鞋的一批人"。[53] 这种种族主义评论无法掩盖这样一个事实，即尽管存在偏执的刻板印象，皮条客在流行文化中的幻想角色与社会对男性霸权的挑战有关，这种霸权试图确立一点：黑人首先是男子汉。同样，超级阳刚的意大利人也是一种刻板印象，他们出现在《周末狂热夜》（1977）等电影中，为迪斯科和男士叠层高跟鞋等迪斯科时装打上了异性恋的印记。

然而，20 世纪 70 年代出现了另一种穿高跟鞋、超级阳刚的重要文化

20世纪70年代早期，男性往往通过高跟鞋等配饰表达个性。最受欢迎的鞋子仍然是传统的系带鞋，通过高跟、防水台底和各种非传统颜色和图案不断更新。美国，20世纪70年代初

偶像——华丽摇滚男明星，他们同样重申了男女二元性。"华丽摇滚"始于20世纪60年代末的英国，男乐手穿着大胆的舞台服装，经常模仿嘲弄浮华的服饰。在英国，戴维·鲍伊穿上了很高的松糕鞋，加里·格里特（Gary Glitter）、埃尔顿·约翰和马克·博兰（Marc Bolan）也步其后尘。在美国，KISS乐队声名鹊起，不仅因为音乐，而且还因为化妆和服饰，他们的鞋跟有7英寸或者更高。像黑人剥削电影中皮条客的服装一样，华丽摇滚乐手的大胆着装并未挑战男性阳刚的观念，而是对其进行再次肯定，他们经常被媒体视为女性崇拜的焦点，哪怕戴维·鲍伊等人曾认真实践过性别流动性。媒体认为，这些明星令人震撼的表演也同样赢得了女性的青睐。The Tubes乐队的菲·韦比尔（Fee Waybill）通过华丽摇滚模仿了一个娘娘腔花花公子，但是丝毫没有表现出女人味。他塑造的角色夸伊·卢德（Quay Lewd），穿着恋物癖风格的高跟鞋，这是"根据性虐捆绑目录中的一张图片设计的，图片中的人穿着细高跟鞋，鞋尖是弯的"，[54] 化了妆，戴着假发，假发显然暗示着18

20 世纪 70 年代，埃尔顿·约翰（Elton John）穿着夸张的服装和闪亮的高跟鞋在舞台上昂首阔步，其中就包括这双费拉迪尼（Ferradini）出品的高跟鞋。意大利，1972—1975 年

世纪男性的放荡。他的性别划分是男性，盛气凌人的动作宣示着自己的特权；他的性别特征，也通过服装展示得一清二楚，除了高跟鞋，他还穿着一条小内裤，私处鼓鼓囊囊，似乎处于唤醒状态。无论是华丽摇滚的这种极端服装，还是迪斯科舞厅和黑人剥削电影中老套人物的更艳丽的服装，它们都具备两个功能：一是在女性争取获得更多平等的社会变革时期，投射出一种超级男性阳刚和霸权的光环；二是用来重申一种观点，即无论白人黑人、异性恋同性恋，最重要的是男人仍然是男人。[55] 这些典型的阳刚男士所穿的高跟鞋并未以任何方式反映出女性风格及其意义的真正结合。

在这一时期，女人也穿高跟松糕鞋，就像男人的高跟鞋一样，这些松糕鞋也参考了 20 世纪 40 年代的款式。维维亚在 1967 年重新引入松糕鞋，到 70 年代，松糕鞋被一些人视为一种俏皮的女性时尚，但是和 40 年代一样，在其他人眼里并无吸引力。这些"笨重无比、丑陋至极的大怪物，仍然是当今随处可见的鞋子"，《时代》杂志在 1970 年这样写道。[56] 就像 40 年代的松糕鞋一样，维维亚设计的松糕鞋显然没有出现在男性色情作品中，因为这些作品青睐的仍然是高跟鞋。

在 70 年代中期，女性时尚再次转向细高跟鞋。时尚深受色情作品的影响，细高跟作为情色意象词汇的重要部分，重新回归成为重要的时尚配饰。在《时尚》和《时尚芭莎》杂志中，赫尔穆特·牛顿（Helmut Newton）的冰雪公主细高跟鞋反映了色情和时尚形象的融合，居伊·布尔丹（Guy Bourdin）为查尔斯·卓丹鞋业公司设计的作品也是如此。这种高跟鞋重新推出，就是为了追求时尚性感这一明确目标；在整个 70 年代，细高跟鞋仍然是最性感的高跟鞋。"如果鞋子可以称为性感，那么细高跟鞋肯定性感。这是女人觉得喜庆开心时想穿的鞋子……它就像低领连衣裙一样具有挑逗性。"[57] 细高跟鞋被认为适合用作晚礼服，几乎没有人想到它在下个世纪的女性工装中会起什么作用。此时，马诺洛·伯拉尼克开始设计鞋子，他设计的细高跟鞋将在 20 世纪末定义奢华、特权和女性气质。

这只贴满金属亮片的高跟松糕鞋，由洛里斯·阿莎露（Loris Azzaro）设计，在20世纪70年代看起来也许纯粹是现代风格，但是它的款型参照了40年代的设计，而花斑图案的使用则将其与15世纪的拼布图案联系在一起。意大利，20世纪70年代初

> 在一个女性不仅要求平等，而且还要求尊重的时代，低领口、开叉裙和细高跟鞋合情合理吗？……也许美国的女性已经取得了这样的成就，正在努力提升她们的自尊，她们不再害怕曾经经历过的性别歧视，不再觉得为了实现自己的目标必须穿灰暗或者单调的服装。[58]

到 20 世纪 70 年代末，保守的价值观又悄悄地回归社会，男人放弃了高跟鞋，转而选择更传统的男性成功标志——低跟商务布洛克鞋。穿衣更大胆的男性会穿牛仔靴，它的复苏既是回归传统，也是对美国顽强自立的浪漫纪念。罗纳德·里根就是这些理想的体现。他以穿牛仔靴而闻名，他第二任期内送出的筹款礼物便是一只小陶瓷靴，上面饰有总统印章，刻着"罗纳德·里根1984"。[59]随着 20 世纪 70 年代进入尾声，保守时装也是职业女性的流行装扮。英国第一位女首相玛格丽特·撒切尔（Margaret Thatcher）于 1979 年上台执政，她的裙子套装和低跟鞋体现的是各地白领女性的制服，尽管此时保守主义日益严重，女性却正在以前所未有的规模进入商界。然而，当女性试图采用和改造商务男装满足自己的职业需求时，她们的选择却被认为缺乏性魅力，遭到严厉批评。此时，《新闻周刊》（Newsweek）刊登了一篇臭名昭著的文章，题目是《等不到白马王子了吗？》，暗示说女性在公司一门心思向上爬，因此魅力全无，不适合结婚。[60]高级时装的解决方案是将色情元素巧妙地渗入成功的着装中。一次次时装设计，都把女性成功塑造得咄咄逼人，甚至充满掠夺性，无论从经济的角度还是从性的角度来看，都莫不如此。"致命高跟鞋"（killer heels），无一例外都是细高跟鞋，将女强人装扮的时装模特从色情幻想的对象变成了施虐狂，导致职业女性的形象复杂化。

女性成功与性商品化之间的联系，也体现在 20 世纪 80 年代出现的新奢侈品市场上，专门销售的昂贵内衣，让人想起爱德华时期的妓院。尽管 20 世纪 80 年代的时尚女高管被描绘成外表严厉冷酷，但是她们在女性内衣广告中却焕然一新，脚踩细高跟鞋，身上穿着丝绸，展示出更为柔顺的女性气质。性商品化的浪漫化，反映了 19 世纪中叶对妓女的痴迷，这种痴迷的出现是对

这款鞋子，鞋跟非常高，有恋物癖风格的高光鞋面，反映出色情元素被植入20世纪80年代商界女强人的"显贵着装"（power dressing）。法国，纪梵希（Givenchy）设计

巴利出品的这双色彩鲜艳的轻便鞋，具有后现代主义美学特点。这款低跟鞋适合 20 世纪 80 年代在办公室穿，但是也可能会在工作场所之外穿。瑞士，20 世纪 80 年代末

女性取得社会进步和经济进步感到紧张的一种类似反应。

　　《新闻周刊》那篇文章发表一年后，股市崩盘，终结了人们对 20 世纪 80 年代繁荣的信心。经济从黑色周一开始下滑，接着是企业裁员，职场动荡。身穿西装的商人是传统的男性成功形象，社会完全进入电脑时代后，他们与穿着运动鞋的硅谷大亨相比，突然之间成了土老帽，被时代甩在了后面。在这个充满不确定性的时代，加强性别二元对立成为高级时尚的焦点。这些性别的标志，如高跟鞋，也成为第三波女权主义者关注的焦点，因此有人建议，与这些标志相关联的权力应该加以利用，为个人谋取利益。然而，在许多方面，这些超性感配饰的传统意义占据上风，将一些人所称的"新少女秩序"（New Girl Order）转化为第二波不拘传统的时髦少女行为（flapperism）。就像咆哮的 20 年代的时髦少女一样，20 世纪 90 年代"拥护时尚选择"的女性自觉地试图远离 80 年代"女超人"性得不到满足、工作过度的形象。她们通过借鉴男性对女性气质的诠释来寻求权力和地位。1999 年，美国女性杂志《半身像》（*Bust*）的编辑戴比·斯托勒（Debbie Stoller）写道："从擦口红的女同性恋到涂胭脂的反暴女孩，今天的吸血鬼空想主义者相信，不必每周 7 天、每天 24 小时都穿着勃肯鞋，也可以发表女权主义时尚宣言。"斯托勒提到男女皆宜的勃肯凉鞋，让人联想起呆板的"妇女解放运动论者"，她认为这些人缺乏女性气质，就像 20 世纪早期那些"穿着低跟鞋进行斗争的女权主义者"。

　　20 世纪 90 年代这种夸张的女性气质的"开拓利用"，突然将鞋履设计师提升到了文化偶像的高度。马诺洛·伯拉尼克和克里斯蒂安·鲁布托（Christian Louboutin），都是以超高高跟鞋著称，迅速成为名人。20 世纪末，伯拉尼克的名字成为奢侈品的代名词，此时他已经是闻名遐迩的设计大师；而鲁布托的标志性红底鞋引起国际关注时，还只是一颗冉冉升起的新星。1991 年，他在巴黎开了第一家精品店，他的红底高跟鞋很快成为文化标志。

　　热播剧《欲望都市》使品牌鞋成为独立、地位和性的象征，也是"女孩力量"（girl power）的商品化表达。很明显，她们是在消费非实用鞋履，也从另一面延续了对女性由来已久的乱花钱等成见。品牌高跟鞋价格高得惊人，媒体不仅连篇累牍地报道价格高昂的鞋子，而且还报道女性似乎对鞋子购买欲的失控。据报道，女性一生中花在鞋子上的钱不计其数，很多人会把购买的鞋子藏起来不让伴侣看到，而且最令她们垂青的鞋子便是高跟鞋。这一点在《欲望都市》中得到了清楚的体现，剧中人物对品牌高跟鞋的贪欲似乎永无止境，卡丽·布拉德肖（Carrie Bradshaw）还说了这样一句话："我买鞋子已经花了4万美元，我没有地方住了吗？我真的要成为那个住在鞋子里的老女人了！"[61]

让女性濒临破产的鞋子，常常借鉴脱衣舞娘和性工作者的鞋子。高耸的鞋跟，配上高防水台，走路会更稳。这种鞋子最早起源于20世纪30年代的恋物癖，到世纪之交已成为脱衣舞俱乐部的首选鞋履。到21世纪早期，奢侈鞋履设计师便把这些风格进行改造，呈现在热切的客户面前：

> 布满钉子的女性施虐狂高跟鞋。脚踝处带有捆绑式鞋带的细高跟鞋。鞋跟5英寸的紧身过膝靴……不，这可不是色情视频中的道具。这些是现在普通女性穿的鞋子。这些鞋子开放暴露，鞋跟高耸，除了脱衣舞娘和性工作者，其他人穿上还不会受到讽刺，真是难以想象。[62]

其实，1996年的电影《脱衣舞娘》等主流文化，钢管舞、健美操班等活动和巴西式比基尼脱毛蜡等流行趋势，还有恨天高脱衣舞娘时装鞋，都使色情元素变得平庸乏味。与20世纪20年代一样，女性在过去几十年的实际进步都因强调女性性感和性吸引力所抵消。

尽管如此，或者也许正是因为如此，在21世纪，高跟鞋与权力观念的联系日益紧密。自18世纪以来，同样的故事再次上演：女性主要通过对男性的性操纵获得权力。许多人断言，女性欣然接受超高跟鞋，是想通过利用自己的色情货币（erotic currency）在工作中站稳脚跟。一些人认为，女性不仅拥有这种货币，而且应该把它花出去。

媒体把高跟鞋视为女性的"影响力工具"（power tool），是女性应该用来为自己谋利的诱惑性配饰。然而，没有人提供有关这种货币确切价值的信

克里斯蒂安·鲁布托在制作大教堂鞋（Cathedral shoe）时，将 20 世纪 20 年代的几何图案和脚背带等鞋履设计特点与现代细高跟鞋融合在一起。鲁布托让时髦女郎时尚重新流行，似乎适合"女孩力量"的时代。法国，2007 年

息，其汇率仍然是那些同意兑换者的心血来潮，无论这些人是雇主还是咖啡师，而且几乎也不会产生薪酬公平等实际可计量的进步。这种与高跟鞋相关的"影响力"，也注定只限于处于一定年龄段的人，正如演员海伦·米伦（Helen Mirren）所展示的那样，她竟然敢在 67 岁走红毯时穿上"脱衣舞娘"高跟鞋，燃爆了互联网。尽管众人都对她的选择交口称赞，但是这种行为被认为是"莽撞之举"，这一点恰恰强化了一种观点，即她和其他同样"高龄"的妇女，再也无法获得穿高跟鞋产生的"影响力"。人们曾经看到凯蒂·霍姆斯（Katie Holmes）和汤姆·克鲁斯（Tom Cruise）两位演员的女儿苏瑞·克鲁斯（Suri Cruise）穿着一双高跟鞋，这双高跟鞋对一个蹒跚学步的孩子来说实在太高了。"Heelarious"是专门为零至六个月的女孩设计的系列软跟鞋，款式模仿了标志性的高跟鞋，公众对这些鞋子极其愤怒。这两点引发的强烈抗议也提醒公众，高跟鞋以及与之相关的影响力，在本质上肯定跟性有关。无论是年龄原因还是经济原因，许多人无法穿"影响力"高跟鞋，结果到 21 世纪初与高跟鞋相关的商品呈爆炸性增长。从带高跟鞋装饰的大手提包到艺术品，这些高跟鞋商品为年轻、年老的所有女性都提供了机会，说明她们支持有关通过性别化"赋权"的想法，尽管自身已经被边缘化。

在此期间，高跟鞋的象征意义也更加丰富。2001 年 9 月，纽约市世贸中心遭到袭击，一些女性拎着鞋子，或者干脆抛弃了高跟鞋，双脚流着血往大楼外逃跑，有关照片和报道都反映出这些女受害者的脆弱不堪。琳达·雷希 - 洛佩兹（Linda Raisch-Lopez）是南塔的一名办公室工作人员，她穿过的一只血淋淋的高跟鞋被"9·11"纪念馆收藏，成为令人心痛的艺术品，让人想起"那个神秘莫测的周二发生的恐怖事件中无处不在的恐慌、混乱和麻木"。[63]事件发生后，有些人马上提出，针对新的恐怖主义时代，高跟鞋将不会再流行。然而，如果说有什么变化的话，那就是高跟鞋在时尚界更加重要了。有广泛

（右图）20 世纪 90 年代性工作者穿的鞋子，通常带有"侵略性"的装饰和袢带，让人联想到性虐捆绑服装。这种款式影响了主流时尚鞋履的设计。美国，1995 年

报道说,塔利班禁止阿富汗女性穿高跟鞋,不仅因为女性走路不应该发出声音,还因为高跟鞋已经成为西方颓废的象征。因此,颇具讽刺意味的是,高跟鞋成了西方自由和女性自主的象征。

随着 21 世纪前十年渐近尾声,高跟鞋也成为许多时装设计师的焦点,他们开始挑战自己的风格,也可以说是将其转化为艺术作品。亚历山大·麦奎因的"犰狳鞋"可谓是最著名的例子。这款鞋由乔治娜·古德曼（Georgina Goodman）设计,出自他 2010 年的"柏拉图的亚特兰蒂斯"系列,其高度和形状参考了 The Tubes 乐队成员夸伊·卢德舞台上穿的恋物癖高跟鞋。这双鞋"毫无疑问是时尚界长期以来制造出的最奇怪、最令人惊奇的东西"。[64] 2011 年大都会艺术博物馆举办了一次题为"亚历山大·麦奎因：野性之美"的展览,这双鞋成为万众瞩目的艺术品。2015 年,在佳士得拍卖行,美国流行歌手嘎嘎小姐（Lady Gaga）以最高竞价 29.5 万美元买下了三双,确立了这些鞋子的艺术地位。[65] 21 世纪 10 年代末时尚前卫的超高高跟鞋流行趋势,与 2007 年开始的大衰退（Great Recession）不谋而合,在许多方面反映了 20 世纪大萧条时期令人难以置信的鞋履设计创意能量大爆发,而那个时期纯粹高度才是鞋履设计的焦点,而非色情联想。

在此经济困难时期,有人指出相关研究表明一个人的身高与收入息息相关。[66] 于是,这种说法就产生了一个简单的等式：身材越高等于收入更高、职业高升和更加性感。正如乔尔·瓦尔德福格尔（Joel Waldfogel）在《国家邮报》中所写：

> 有充分证据表明,矮个子赚的钱要少于高个子……假定有两大组人,除了身高之外他们在各个方面都很相似,比较后会发现个头高的一组平均工资会更高。无论男性女性,身高每增加 1 英寸,平均年收入会增加约 2%。[67]

那些提倡高跟鞋者忽略了一点,即这项研究讨论的是实际身高。跟男人一样，女人穿高跟鞋，只是说明她们天生个头不高，而不是作为欺骗手段。还应该指出，掌握实权的大多数女性，像身高不足 5 英尺 7 英寸（约 174 厘米）的美国前国务卿兼总统候选人希拉里·克林顿（Hillary Clinton）和德国总理安格拉·默克尔（Angela Merkel），都不穿高跟鞋。她们缺乏性感一直是媒体讨论的焦点，但是她们其实很有影响力。

对男人而言，想巧妙利用高跟鞋，只能是徒劳无益。有关美国总统、首席执行官和其他男性领导人身高的报告证明，掌权者的身高很少低于 6 英尺（约 183 厘米），大多数都是 6 英尺 2 英寸（约 189 厘米）或者更高。在线社交媒体的讨论记录了那些不借助高跟鞋拼命增高的男人。城市时尚主打品牌添柏岚等厚底篮球鞋和靴子，被吹捧为增高的诀窍；当然，只要走路时小心，鞋内植入插跟仍然是一种选择，但是即使身高稍微有差异也会引起不必要的关注。演员汤姆·克鲁斯经常因被媒体猜测使用插跟而感到苦恼，而法国前总统尼古拉·萨科齐（Nicolas Sarkozy）的鞋履选择，也一直是国内外媒体的娱乐来源。2009 年，英国小报《每日邮报》曾调侃说："如果身材不高，你很难被视为名望很高的政治家。因此，人为地提升一下身高是再自然不过的事。"[68] 想获得 2016 年共和党总统提名的美国参议员马尔科·鲁维奥（Marco Rubio）也同样引来了嘲笑，因为他穿着一双"3 英寸"古巴跟（Cuban heel）的靴子，还因此有了"小马尔科"这个绰号。

21 世纪早期，尽管一些名人把高跟鞋作为舞台内外的标志，但是人们对男性穿高跟鞋的反应是极端的。1981 年，美国巨星"王子"普林斯（Prince）开始穿高跟鞋，当时高跟鞋正被男性时尚所抛弃。[69] 另一位美国音乐表演者蓝尼·克拉维茨（Lenny Kravitz）也经常穿高跟鞋，但他的选择并未逃脱批评，比如《每日邮报》就针对他被拍到穿着紧身皮裤和楔形高跟鞋，发表了一篇题为《蓝尼·克拉维茨打扮得像美国女人在纽约漫步》的文章。[70] 同样，说唱歌手坎耶·韦斯特（Kanye West）2015 年在巴黎纪梵希时装秀上穿着高跟天鹅绒靴出场，结果网上的评论指责他抢劫了妻子的衣柜。几年来，美国时装设计师里克·欧文斯（Rick Owens）和马克·雅各布斯一直在制造高跟鞋、

拉德·胡拉尼是第一个在时装周推出中性系列的设计师。他经常让模特穿高跟鞋，但是就设计而言这些高跟鞋经常是传统男式风格。法国，2015 年

穿高跟鞋，克里斯蒂安·鲁布托也将高跟鞋引入 2015 年男士鞋系列。加拿大籍的约旦设计师拉德·胡拉尼（Rad Hourani）在 2012 年巴黎高级时装周上推出了自己的第一个中性系列，这些作品中最引人注目的就是高跟鞋。然而，上面列举的所有例子都是鞋跟又矮又厚的高跟鞋，它们借鉴的并非女性服饰，而是男性服饰。可是，凡是带高跟的男鞋，不管是高是矮，都会立刻招致谴责，被认为太女性化。

如今，带曲线的窄高跟鞋既是女性气质的标志，也是性别二元结构的重要象征。但是，也有越来越多的男性在各种场合穿这种高跟鞋。"国际男子制止强奸、性侵犯和性暴力游行"（International Men's March to Stop Rape, Sexual Assault and Gender Violence）要求男子穿着红色高跟鞋走 1 英里，以提高对性暴力的认识。根据宣传，"穿上她的鞋子步行 1 英里"（Walk a Mile in Her Shoes）是一项有趣、没有威胁的筹款和促进对话活动，人们通常认为这项活动非常滑稽，但是充满善意。许多男子穿着高跟鞋，翩翩起舞，他们的力量和耐力得到了观众的称赞，并没有招来针对男性穿高跟鞋作为时尚的负面评论。嘎嘎小姐为歌曲《亚历山大》（Alejandro，2010）拍摄的获奖音乐视频中，就包括恋物癖风格的时尚和穿着细高跟鞋的男舞者，但是他们穿高跟鞋并未呈现出传统的女性化倾向。与此相似，在麦当娜（Madonna）2012 年的 MDNA 巡回演唱会上，来自舞蹈团哥萨克（Kazaky）的伴舞，都穿着普拉达设计的高跟鞋，以一种非讽刺的方式进行表演。同样，亚尼斯·马歇尔（Yanis Marshall）因穿着很高的细高跟鞋跳舞和表演一举成名。在线杂志和报纸《奎蒂》（Queerty）这样评论："男人穿高跟鞋有点奇怪。但是，这并非针对女士，穿高跟鞋的男人看起来实在是太凶。"[71]

21 世纪，人们对性别流动性的认识和容忍度越来越高，这似乎表明，高跟鞋在未来会出现在更多人的鞋柜里。然而，目前高跟鞋仍然是女性气质表达的重要方式，是女性期待和普及的鞋类形式。美国变性名人凯特琳·詹纳（Caitlyn Jenner）公开改穿女装，关注的焦点常常是她新喜欢上的高跟鞋。《人物》（People）杂志对詹纳进行了报道，但是却在提到这位退役奥运会运动

亚尼斯·马歇尔是法国舞蹈设计师。2014 年，他和他的舞者在跳舞时穿上了女款细高跟靴，结果在网络上引起轰动

员之前的公众身份时错用了性别代词："他对女性的一切都那么兴奋……他喜欢穿高跟鞋，喜欢做头发。他真的很开心。"[72] 男性异装者把高跟鞋视为自己表现女性气质的中心——的确，他们对高跟鞋的渴望是《长靴皇后》情节的焦点，《长靴皇后》是 2005 年的一部电影，2012 年改编为家庭音乐剧。尽管有人提出，从这些例子可以看出，在谁可以穿高跟鞋的问题上，自由度越来越大，但是高跟鞋在当今女性气质的诠释中非常重要，在许多情况下穿高跟鞋是没有商量余地的。2015 年戛纳电影节，以着装不当为由拒绝了一些不穿高跟鞋的女性观众，包括那些穿着饰有珠宝的平底鞋的女性以及电影制

202

片人瓦莱里亚·里克特（Valeria Richter），她的一只脚部分截肢，无法穿高跟鞋。[73] 2016 年，一名英国接待员因不穿高跟鞋被赶回了家，损失了一天的工资；一名加拿大女服务员按照要求值班期间都必须穿高跟鞋，结果她在网上贴出了双脚流血的照片。[74] 这些故事说明了一个事实：在当今时代，高跟鞋仍然是女性气质的重要象征，对许多女性来说，拒绝穿高跟鞋真的会遭到惩罚。这些故事都具有新闻价值，这也表明时代可能正在发生变化。运动鞋正在成为女性时尚的主打产品，而且也越来越多地出现在男性色情作品中，这表明变革或许即将来临。

第四章

运动鞋：望鞋兴叹

收集运动鞋就像做剪贴簿，是为了保存记忆，标记地点和时间。我问儿子，如果运动鞋不再穿了，他会怎么处理，他告诉我他会留着。他说，即使是现在，他也非常喜欢打开鞋盒，回忆穿这些珍贵的鞋子时自己身在何地，又在做什么。

——安妮特·约翰-霍尔（Annette John-Hall），《收藏运动鞋日渐流行：为脚做剪贴簿》，《费城询问报》（*The Philadelphia Inquirer*），2006 年7 月 26 日

运动鞋迷对鞋子的发布时间、材料、历史和何处购买了如指掌，鞋盒提供的信息太过有限。看到你脚穿蓝白相间的耐克鞋，普通人可能会恭维几句，但是运动鞋迷会直接拦住你，问你是如何买到"北卡"高帮耐克 Air Jordan 一代的，就像垂死之人渴望解药一样。

——小基思·尼尔森（Keith Nelson Jr），《运动鞋迷：新一代运动鞋粉丝占领互联网》，"数码趋势"网站（Digital Trends），2015 年 10 月 24 日

现代运动鞋是工业时代创新的产物。自 19 世纪诞生以来，运动鞋的历史就与追求技术创新和消费政治交织在一起。今天，全世界的人都在穿运动鞋，在许多方面，都可以把运动鞋看成鞋类中最大众化的一种。然而，商品化和品牌化已经把一些运动鞋变成了人们梦寐以求的东西，而这些东西正日益成为男性时尚的核心。在"运动鞋"这个宽泛的范畴下，隐藏着一系列微妙的含义，这些含义与排他性、社会抱负、运动技能以及不断变化的理想化男子气概构建有关。[1]

（左图）在设计这双 Poworama 运动鞋时，皮埃尔·哈迪受到罗伊·利希滕斯坦（Roy Lichtenstein）艺术作品的启发，将艺术家的图形魅力转化为可穿戴的艺术。法国，2011 年

运动鞋的故事始于南美洲和中美洲的森林，数个世纪以来那里的土著居民一直利用"哭泣的树木"（橡胶树）的乳白色汁液制作橡胶球、防水鞋等各种东西。欧洲人在 16 世纪就注意到了这种非同寻常的物质，但是直到 18 世纪中叶才引起了人们的兴趣。此时，树胶的非凡弹性和防水性能也开始吸引西方的科学家。19 世纪早期，公众和发明家都对这种物质感到着迷，到 19 世纪 20 年代，巴西制造的套鞋出口到美国和欧洲后，引发了一股对橡胶的狂热。[2] 这种富有弹性、能够防水的套鞋，价格是皮鞋的五倍，这说明它是奢侈品，反映了橡胶相对稀缺所造成的高成本。[3] 种植橡胶树需要耗费大量的劳动力，每隔一天才能在树上切口一次，每一次切口能获取大约一杯树液，这种树液后来称为胶乳。面对这种考验，人们仍然对这种新型防水套鞋寄予厚望，也包括健康方面的考虑，而这也将成为购买运动鞋的主要动机：

> 不管医生多大岁数，也不管他有过什么经历，只要看到"湿脚"这两个字，他脑海里都会唤起一大堆痛苦的回忆……一个孩子，上午还在到处玩耍，那么可爱，那么活泼，可是到了夜里，他就因为脚湿，患上哮吼，过一两天就变成一具尸体。[4]

1829 年发表在《健康》杂志上的这篇令人心痛的文章，把橡胶套鞋作为一种预防疾病的手段进行推广。医生希望套鞋能带来潜在的健康效益，进口商也希望能从中迅速获利，但事实证明，巴西制造的套鞋并不结实，遇到夏日酷暑会熔化，遇到冬日严寒会破裂，结果导致市场崩溃。[5]

尽管随之而来的是一种"橡胶恐慌"，但是许多人仍在努力把橡胶变成一种稳定有用的材料。查尔斯·古德伊尔（Charles Goodyear）便是许多专注于这项研究的人之一。他对开发橡胶潜力的执着近乎狂热，他预见到未来几乎所有的东西都将由这种材料制成，从盘子、珠宝到衣服、鞋子，都莫不如此。[6] 古德伊尔曾经多次被关押在债务人监狱里，1834 年在监狱期间，他用一批生橡胶和妻子的擀面杖开始做实验。他终于在 1839 年找到了解决办法。在纳撒

巴西为西方市场生产的弹性防水套鞋，引发了消费者的兴趣和关注，但是这种鞋子遇到高温或者低温会变得不稳定。巴西，19世纪30年代

尼尔·海沃德（Nathaniel Hayward）的实验基础上，他开始向沸腾的乳胶中添加硫黄，最终制造出一种既能保持弹性又不受冷热影响的材料。英国科学家托马斯·汉考克（Thomas Hancock），受到古德伊尔实验的启发，在英国进一步改进工艺。据他的研究记载，他的一位朋友联想起古罗马火神伍尔坎（Vulcan），便把这种工艺命名为"硫化"（vulcanization）。[7] 把乳胶转换成耐用的橡胶，为包括运动鞋在内的许多革命性的消费品铺平了道路。

早期的运动鞋是橡胶底的帆布鞋或皮鞋，尽管看似不起眼，但是就像套鞋的前身一样，它们一开始是具有社会影响的昂贵奢侈品。19世纪随着工业化的迅速发展，出现了一批地位不断上升的中产阶级，而休闲时间，长期以来都是富人的特权，但是这些上升中的中产阶级也热衷于休闲，以此表明自己新获得的地位。结果，这些娱乐活动又需要特别设计的专业设备和服装。一些富有开拓精神的制造商开始提供橡胶底运动鞋，其价格不仅反映了橡胶的高成本，也反映出他们的目标客户取得的经济成功。

第一双运动鞋究竟诞生于何时，有何用途，目前仍然难有定论。1832年，韦特·韦伯斯特（Wait Webster）发明了一种把天然橡胶底粘在鞋上的工艺，并获得了美国专利，但是没有迹象表明他打算把这种工艺专门用于运动鞋。[8] 1835 年的《马萨诸塞州公共文件》提到过把橡胶鞋底粘在运动鞋上的做法，这要比古德伊尔的突破早几年。虽然没有披露鞋帮所用的材料，但是值得注意的是，橡胶底鞋子是为运动而设计的。[9] 经常有人吹捧说，英国利物浦橡胶公司在 19 世纪 30 年代推出了运动鞋，但是该公司直到 1861 年才成立，所以事实证明这种说法是错误的。另外一种常见的说法是，约翰·博伊德·邓禄普（John Boyd Dunlop）在 19 世纪 30 年代发明了运动鞋，这种说法也不足为信，因为他直到 1840 年才出生，他的公司直到 1890 年才成立。他曾经发明过自行车充气轮胎，创立了邓禄普轮胎公司，即后来的邓禄普橡胶公司。毫无疑问，邓禄普公司到后来确实生产运动鞋，包括著名的邓禄普绿光运动鞋（Dunlop Green Flash），但是那要等到 20 世纪 20 年代末了。在美国，坎迪橡胶公司被认为是运动鞋的鼻祖。他们当然也生产槌球鞋（croquet shoe），但是很难确定槌球鞋到底是什么鞋。1868 年的《绅士杂志》（*Gentleman's Magazine*）

许多 19 世纪的女士运动鞋适合网球等各种活动。布洛克缀饰是向男性服装致敬。意大利，19 世纪末

刊发了这样一条建议："遇到潮湿天气，焦急的妈妈不允许穿薄鞋，那就不妨扔掉薄鞋，穿天然橡胶鞋，不是套在鞋上穿，而是套在短袜或长袜上。"[10] 其他时期的资料表明，槌球鞋，也叫槌球凉鞋，只不过是一种橡胶套鞋。[11] 与此相似，根据描述沙地鞋（sandshoe）是在海边穿的鞋，但是很难确定它所用的材料。根据当时常见的说法，沙地鞋鞋底是软木制造的。然而，19世纪中期的广告和报纸文章已经证明，网球鞋使用的是橡胶鞋底，这是毫无疑问的。[12] 1881年《时尚芭莎》杂志刊登了一篇关于草地网球得体着装的文章，建议女性穿颜色鲜艳的长筒袜，配低帮帆布鞋，不穿高跟鞋。文章接着赞扬了这些平底鞋，因为它们让女性摆脱了高跟鞋的束缚，让"女性的脚第一次接触大地"，并表示单是这一点就值得去玩这种游戏。[13] 尽管不乏类似的建议，许多女性的网球鞋还是带有高跟。文章还讨论了男性网球装备，指出他们也穿着"很酷的帆布鞋……搭配带有波纹的天然橡胶鞋底"。男人和女人身穿专门的网球服，经常一起打网球，而且都乐在其中，因为双打比赛给网球注入了浪漫的气息。作家R. K. 芒基特里克（R. K. Munkittrick）对第一双网球鞋的美好回忆，反映了关于网球的文化观念，但也表明从一开始多愁善感和怀旧的渴望就是运动鞋文化的一部分：

> 我强调一下我的第一双网球鞋……有人告诉我需要运动减肥，保持良好的身体状态。许多年轻女士主动教我打球，让我了解这项运动的所有奥妙。我当然让步了。我还能怎么办呢？所以我买了这双鞋……一边打球……一边跟那些17岁的可爱小宝贝随意闲聊，真是其乐融融……我想，这些田园式的轻松趣谈，已经跟穿着橡胶底的帆布鞋打网球密不可分。[14]

网球非常适合向上流动阶层的人，与贵族有很深的渊源。亨利八世（Henry VIII）热衷于打网球，伊丽莎白一世女王也是网球迷，一本写于1660年的书列举了跟查理二世家族有关的人写的请愿书，其中一封请愿书是一个名叫罗伯特·朗（Robert Long）的人写的，他希望担任国王或约克公爵的王室侍从官，他把担任前任国王"网球鞋和短袜"的管理员视为自己的资质之一。[15] 19世纪60年代的网球鞋广告说明，源自更复杂版本的"古代游戏"的草地网球，在19世纪中叶重新流行。1874年，沃尔特·克洛普顿·温菲尔德（Walter Clopton Wingfield）少校在英国为这项运动制定了规则，进行简化，然后作为完美的消遣活动推荐给富人。草地网球需要专门修剪的草坪，很快有经济能力的人就在自己的土地上建起了网球场，橡胶底的网球鞋不会损坏草坪，比带尖钉的网球鞋更受欢迎。然而，不久之后网球开始流行，人们修建了公共球场。根据《纽约时报》1884年的报道，人们迫切需要使用布鲁克林公园系统的公共网球场，公园委员会要求所有打球者都要"穿网球鞋，避免破坏草皮"[16]，这也证明人们普遍接受网球，而且还穿上了橡胶底的鞋子。

早期的运动鞋有多种颜色可供选择，1888年的一则广告显示，除了白色和棕色格子图案之外，还有黑色、棕色、土褐色和石板色。许多运动鞋还有棕色或红色的橡胶底。鞋面用料通常是纺织品，但也可能是皮革，而且很多鞋面还用皮革镶边。双色雕花鞋（spectator shoe）和白鹿皮鞋（white buck）都是在这个时候出现的。人们通常认为双色雕花鞋是英国鞋匠约翰·洛布（John Lobb）发明的，据说1868年他在穿白色板球皮鞋打球经常会弄脏的地方添加了深色皮革；然而，使用皮革镶边，达到装饰和保护的双重目的，这种做法在此之前就出现了。显而易见，双色鞋子与参加体育运动和观看体育比赛联系在了一起，到20世纪双色雕花鞋已经摆在了许多追求时尚的男士衣柜中。白鹿皮鞋源于网球鞋。它和网球鞋等夏季白鞋一样，看上去一尘不染，都是一种身份的象征，而这种象征将会在20世纪后期出现的都市纯白运动鞋潮流中得到效仿。

虽然运动休闲装是19世纪中叶炫耀成功的重要手段，但是人们越来越多地把锻炼身心健康视为"富贵病"的灵丹妙药。[17] 随着人口从农村转移到城市，人们日益担心工业化的破坏性影响正在腐蚀社会道德品质和身体素质。中产阶级在办公室上班久坐，工人阶级在工厂从事重复性劳动，都会伤害身体、削弱体质。背景不明的人们涌入城市寻找工作，也给品格评估带来了挑战，并引发了对陌生人道德的担忧。此外，最贫穷的城市工人生活环境肮脏

这幅图来自《德国制鞋者报》（*Deutsche Shuhmacher Zeitung*），从中可以看出几种款式的运动用鞋，既有凉鞋也有运动鞋。德国，约 1890 年

不堪，人们担心会染上身体和精神方面的疾病，对城市犯罪也更加忧虑。这是一个社会向上流动的时代，但也是一个焦虑的时代。查尔斯·达尔文（Charles Darwin）关于物竞天择和适者生存的理论，不仅对科学有影响，而且对社会也有影响，运动和新鲜空气开始被视为现代社会消除痛苦和不确定性的良方，也是确保健康和长寿的手段。

道德和身体活动之间的关系，在强身派基督教运动中得到了最充分的体现。这种运动宣扬身体健康和信仰是相辅相成的，基督教青年会是这场运动的引领者。基督教青年会由 22 岁的乔治·威廉斯（George Williams）于 1844 年在伦敦成立，旨在为涌入城市的年轻人提供有益身心的娱乐活动。在世界突飞

照片中的每个男同学都在穿着运动鞋锻炼。《华盛顿特区西部中学的男生在运动，有些人还使用器材》，19世纪末

猛进的19世纪中叶，这种观念引人注目，它首先在英国传播，然后传到北美，1851年在加拿大和美国都设置了相关协会。与男女皆宜的槌球和草地棒球等休闲活动不同，基督教青年会为男性从事剧烈运动提供了高度性别化的场所，把不同经济背景和职业的大多属于中产阶级的男性团结起来，在新教信仰的引导下塑造理想化的男子气概。基督教青年会以及其他体育运动倡导者所提倡的运动，包括19世纪初发明的各种体操和健美操以及体操棒和医疗健身球运动。这些活动在专门建造的木地板体育馆中进行，因此鞋子不能划伤或损坏地板表面。19世纪60年代，体育运动倡导者阿奇博尔德·麦克拉伦（Archibald MacLaren）在牛津大学开设了一座体育馆，他在《体育：理论与实践》一书中提出了"体育馆规章制度"，其中第一条说："学生进行锻炼，必须扎体

操腰带，穿体操鞋。"[18] 目前还不清楚麦克拉伦是否指定穿橡胶底鞋，但在19 世纪后期，制造商开始为体操鞋做广告，这种鞋与网球鞋类似，但是通常没有额外的装饰。运动鞋市场也呈多样化趋势。

到 19 世纪中叶，人们清楚地认识到，有组织的锻炼有助于整治工业化造成的社会混乱。它被视为一种通过对基督教的敬畏和虔诚培养崇高志向和上进心的手段：

> 依靠自身，是推动我们在身体方面战胜自我的因素……使人的内心变得高尚而强大……敬畏，是使人认识到自身之外某种东西的价值和力量的因素……而这种东西比人本身更伟大、更优秀。[19]

体育运动能团结众人，为同一目标而奋斗，于是团体运动数量激增。此外，随着工作时间开始减少，各个社会经济阶层的人都开始参与团体运动和群体锻炼。越来越多的人开始喜欢棒球、美式橄榄球、板球和网球。美国受到欧洲的启发，大型城市公园都为富人和穷人提供场所，可以玩游戏，组织球队，呼吸新鲜空气。

像其他男子俱乐部一样，犯罪团伙在人口日益密集的城市中心不断涌现，以此建立群体身份。在《哈珀新月刊》上的一篇关于美国黑帮的文章中，乔赛亚·弗林特（Josiah Flynt）讲述了成立黑帮的情况。

> ［一个流氓］最终发现自己的世界很大——大到他永远无法理解——于是，他选择了那些最容易相处的"朋友"。通过这种选择产生了……弃儿俱乐部……他的俱乐部会所成了娱乐场所。

布鲁克林大桥旁的敲击者俱乐部，有"两个房间，一个临街，用作酒吧；另一个在后面，是赌博和'锻炼'用的房间。他们每天晚上都来这里打牌……练习拳击和'打架'"。[20] 无论是犯罪组织还是基督教组织，它们都会帮助

男性通过体育锻炼和同性社交友谊构建新的身份，建立行为模式，而且在未来很长一段时间内，这些行为模式将会影响到运动鞋的文化意义。

健身房锻炼或俱乐部运动只是 19 世纪推荐的健康活动之一。步行和跑步也得到推广。从 18 世纪开始，步行就被视为一种增进健康和增强活力的运动而受到鼓励，到 18 世纪中叶，赛跑比赛吸引了不少观众，冠军也成为某种意义上的名人。其中有一位冠军就是著名的步行者查尔斯·韦斯特霍尔（Charles Westhall）。1863 年，他写了一本书，名叫《跑步、步行、划船和拳击的现代训练方法以及运动、饮食、服装建议和训练者忠告》。他在书中提倡穿轻便的系带鞋，这也是专业跑鞋的前身。和其他新兴运动一样，跑步也需要专门的鞋子。现存最古老的跑鞋是 19 世纪 60 年代英国制造商达顿与索罗古德（Dutton & Thorowgood）制作的钉鞋，现藏于北安普敦博物馆和美术馆。就像韦斯特霍尔提倡的鞋子一样，这双跑鞋采用系带，重量轻，但是没有橡胶底。田径运动通常需要穿钉鞋，鞋底和鞋帮都采用结实的皮革。许多田径项目直到 20 世纪才开始使用橡胶底的鞋子，长跑也许是开先河者。20 世纪初举行的许多赛跑和马拉松比赛图片表明，一些跑步选手穿的确实是运动鞋。1907 年，来自加拿大格兰德河六族同盟原住民保留地（Six Nations of the Grand River）的奥农达加人长跑运动员托马斯·朗博特（Thomas Longboat）赢得了波士顿马拉松比赛，成为当时最著名的长跑运动员之一。从宣传朗博特成就的摄影棚照片中可以清楚地看到，他穿的是运动鞋，而且比赛时似乎也是穿的运动鞋。朗博特取得了非凡的成就，其他的非盎格鲁 – 撒克逊选手也是如此，比如希腊的运水工人斯皮里宗·路易斯（Spyridon Louis），赢得了 1896 年第一届现代奥运会马拉松冠军，意大利的面包师多拉多·彼得里（Dorando Pietri）在 1908 年的奥运会马拉松比赛中第一个越过终点线。他们的优异成绩，都对盎格鲁 – 撒克逊种族优越性的固有观念构成了挑战。

（左图）19 世纪末，人们会在各种运动休闲活动时穿这种低帮系带运动鞋。美国，固特异橡胶和金属公司制造，19 世纪末

最值得关注的跑鞋出现在19世纪中叶，用皮革制成，被认为是现存最古老的带钉跑鞋。它采用皮质鞋帮，小鞋跟，与当时的男士正装鞋类似。横跨脚背有一条宽皮带，因此更加稳固。英国，达顿与索罗古德公司制造，19世纪60年代

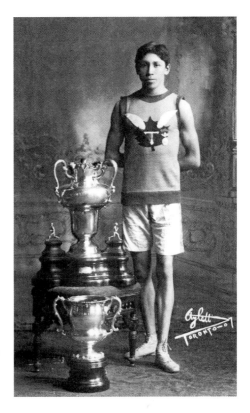

照片中是著名的长跑运动员朗博特，他
穿着的跑鞋看起来是橡胶底的高帮帆布鞋。
加拿大，1906 年

　　人们对运动越来越感兴趣，对专用运动鞋的需求也随之增加，于是为了
满足市场需求，制造业也开始快马加鞭。生产方法逐渐改进，橡胶成本开始
下降。巴西劳动条件恶劣，反而增加了橡胶的供应。1876 年，有人秘密地把
橡胶树种从巴西带到了英国的热带殖民地，橡胶供应量开始增加，而那些收
集橡胶的人则陷入水深火热之中。国王利奥波德二世（King Leopold Ⅱ）领导
下的比属刚果等地发生的种种恐怖事件，令许多人感到震惊，大家开始关注
虐待劳工的做法——这种担忧在 21 世纪初还会再次困扰运动鞋制造商。尽管
存在种种虐待和迫害，但是对橡胶的收集有增无减，因此降低了运动鞋的成
本，将运动鞋转变为包容性公民权的象征，而非排他性特权。在 19 世纪即将
结束之际，数百万人都穿上了运动鞋，参加各种各样的活动。《鞋与皮革记者》

在 1887 年刊登的一篇文章是这样报道的：

> 运动鞋的特点非常适合网球运动员穿，但是除了运动时穿，运动鞋也适合平时穿。在新割的草地上或者庄稼茬子中走路的农民，在小船甲板上的水手，在海滨、树林或者乡村公路上的消遣娱乐者——都认识到了柔软的橡胶底帆布鞋的安逸和舒适。这种鞋子叫网球鞋，但是根据实际情况看，假定有一双鞋穿在脚上出现在网球场，就有几百双是穿在从未踏进过网球场的脚上的。人们通常在夏季时穿这种网球鞋，在度假时尤其如此。[21]

在美国，除了被称为网球鞋外，这种越来越普遍的鞋子也被称为运动鞋。早在 1862 年的英格兰，"sneak"一词用来指橡胶套鞋，因为走路时橡胶鞋底不会发出声音，而该词的本义便是"悄悄地走"。《女囚生活》一书中有一条注释指出："通常，巡夜官都习惯穿一种天然橡胶鞋或者橡胶套鞋，女囚称之为'sneaks'。"[22] 英国记者詹姆斯·格林伍德（James Greenwood）在《奇怪的伙伴：一名流动记者的经历》（1863）一书中再次提到了这种橡胶套鞋。跟前文提到的一样，这种鞋子是在一名监狱工作人员的脚上发现的，但是书中被更全面地描述为带有橡胶底的帆布鞋，在"罪犯行话中被称为'sneaks'"。[23] 然而，只是在美国"sneaker"一词才通常用来指代橡胶底运动鞋，在 19 世纪 70 年代之前，它纯粹是美国东海岸的俚语。和"sneak"一样，"sneaker"也暗指邪恶的行为，而且即使是一种幽默用法，也暗示一种犯罪行为。显然，在当时运动鞋是可以穿着偷鸡摸狗的鞋子。1887 年，有人对芝加哥罪犯帕特里克·肯特（Patrick Kent）进行过一次令人好奇的采访，肯特建议说，犯罪时要想马到成功，"必须穿橡胶鞋，等（受害者）背对你时，悄悄接近，然后干掉他"。[24] 为了消除运动鞋与游手好闲之辈的联系，马萨诸塞州坎布里奇市（Cambridge）的盖耶鞋店（Guyer's Shoe Store）在一则广告中这样处理这一问题："穿运动鞋者，并非一定是鬼鬼祟祟之人。这种运动鞋指的是橡胶底网球鞋。"[25]这段广告文字酷似一百年后说唱乐队 Run-DMC 为他们的歌曲《我的阿迪达斯》所写的歌词"我穿着运动鞋，但我不是鬼鬼祟祟的人"，也说明很久以来人们就把运动鞋与违法犯罪联系在了一起。

在英国，除了沙鞋和网球鞋之外，"橡胶底帆布鞋"（plimsoll）一词在 19 世纪 70 年代末开始广泛使用。1876 年，塞缪尔·普里姆索尔（Samuel Plimsoll）法案生效，该法案要求在船体上画载重线，防止危险超载。这些新载重线让人们想到把运动鞋橡胶鞋底粘在帆布鞋面上所用边皮形成的线条，人们开玩笑地指出，如果水淹没到这条线以上，人的脚就会泡在水里。

到 19 世纪末，马萨诸塞州斯普林菲尔德（Springfield）的詹姆斯·奈史密斯（James Naismith）发明了篮球，这是运动鞋历史上最重要的运动之一。五十年前，查尔斯·古德伊尔就是在斯普林菲尔德这个小镇创办了自己的橡胶公司。奈史密斯回忆说："1891 年夏天，人们非常迫切地需要一些新游戏……健身班的学生对前马戏团演员 R. J. 罗伯茨（R. J. Roberts）介绍的锻炼内容失去了兴趣。"[26]尽管起源相当有趣，但是罗伯茨倡导的体操都枯燥无味，跟随奈史密斯健身的年轻人开始追求需要勇气的比赛，而不是翻来覆去地跳健美操。特别是到了冬天，不能在户外进行足球、棒球等运动，但是奈史密斯的这些学生需要一种释放能量的方法。因此，为了与基督教青年会的基督教理想保持一致，奈史密斯设计了篮球这种运动，供冬季消遣，鼓励建立友谊，驱散枯燥无聊，遏制寻衅滋事。这项运动只需要很小的空间，在室内室外都可以进行，也不需要专门的设备。

这项新运动几乎瞬间点燃了人们的热情。大学和中学把它纳入体育大纲，它在城市操场和空地遍地开花。从一开始，篮球运动就是在城市中开展的，比赛也由来自不同种族背景的城市球员所主导。这项运动也深得女性的喜欢。[27]强壮、健美的年轻女子形象甚至被美国艺术家查尔斯·达纳·吉布森（Charles Dana Gibson）所美化。他塑造的吉布森女郎，宛如雕像般恬静自信，渴望拥抱世界，这有助于重新界定女性特质，把运动能力纳入其中，因此许多人把吉布森女郎当作效仿的榜样。对所谓的新女性而言，篮球是一项完美的运动。

孩子们在纽约市玩新发明的篮球游戏。《第五大道卡内基运动场》，1911 年

它不像草地网球那样需要卖弄风骚，却提供了展示竞争精神的渠道。一个初次观察篮球的人向《纽约时报》报道说，纽约州瓦萨学院（Vassar College）热情高涨的篮球运动员"长得很漂亮……步伐轻盈，柔韧机敏，姿态优雅……响亮的欢呼声四处回荡……蹦蹦巴士！蹦蹦巴士！我们到底出了什么事？什么事都没发生！什么事都没发生！我们是打篮球的女生！"。[28] 尽管篮球受到这样的赞扬，但是许多人对女性参加竞技体育感到不安。一个持赞成态度的人写道，比赛给喜欢运动的女孩提供机会"展示智慧、勇气、优雅和力量"。他进一步指出，尽管如此，还是有人掀起了一股抗议风暴，"他们认为未来的女性必须充满智慧，精通希腊语动词，戴副眼镜，穿着紧身胸衣和高跟鞋"。[29]

　　这项新运动的普及使得篮球运动鞋很快就会问世。但是，究竟是哪家公司制造了第一双篮球鞋，它何时成为队服的标准配置，都是争论的焦点。人

女性热衷于打篮球，许多中学和大学把篮球列为女生体育项目。《身份不明的美国篮球队》，约 1910 年

们认为康涅狄格州的科尔切斯特橡胶公司（Colchester Rubber Company）1893年推出了第一款特别设计的篮球鞋，但没有证据表明他们是专门为篮球设计的这款橡胶鞋底运动鞋。1896 年，《纽约时报》的一篇文章称，瓦萨学院的球员穿的是网球鞋。次年，斯伯丁公司（A. G. Spalding & Brothers）的一则广告向基督教青年会会员特别推荐了一种"全套"服装，包括紧身衣、衬衫、泳裤、毛巾和一双"结实的帆布橡胶底鞋"，可能是用于健身活动。广告下方还可以看到篮球服和足球服，但没有提到与这些外套匹配的专用鞋。在《篮球：起源和发展》一书中，奈史密斯写道，1903 年斯伯丁公司推出了第一款吸力鞋底篮球鞋，这表明在 1903 年之前，人们就已经开始穿没有吸力的篮球鞋了。[30] 1904 年在圣路易斯市（St Louis）举办的奥运会上，布法罗德国人基督教青年会篮球队赢得了表演赛。他们的照片显示，所有球员都穿着帆布高

1907 年，斯伯丁公司在《斯伯丁体育图书馆大学篮球官方指南》中宣传了这款
带吸力鞋底的高帮运动鞋

帮鞋，但这种运动鞋很常见，而且不仅仅限于篮球。大约同一时期的大学球
队照片显示，球员们穿着不同类型的高帮和低帮球鞋。然而，1907 年的斯伯
丁篮球鞋广告只展示了高帮鞋，其中包括他们带吸力鞋底的"最受欢迎的编
号 BB 老式斯伯丁鞋"，售价为引人注目的 4.50 美元。更有趣的是针对高手
的编号 BBR 斯伯丁鞋，定价 8 美元。这表明篮球鞋市场已经形成了不同的
等级，一些球员认为高价购置运动鞋是非常重要的。

1917 年，匡威胶鞋公司（Converse Rubber Shoe Company）推出了匡威全
明星和匡威防滑鞋，篮球鞋的历史被改变了。这两款鞋子基本相同，前者是
棕色帆布鞋帮，而后者则是白色帆布，用的鞋底略有不同。此外，它们都采
用了后来成为该品牌经久不衰的视觉标识，包括鞋头、鞋跟上的许可证牌以
及用于保护脚踝内侧的脚踝补丁。尽管都是作为普通室内运动鞋进入市场，

但是有人主张专门用来打篮球。到 1920 年，由于这两款运动鞋非常相似，人们难以区分，公司最终放弃了防滑鞋，使得匡威全明星鞋成为有史以来最重要的运动鞋之一。

就在匡威全明星鞋面世的同一年，美国加入了"一战"，此时距离战争爆发已经过了整整三年。美国一直不愿将公民派往海外，但是一旦做出承诺，美国男性的身体健康就成了爱国问题。长期以来，战备状态一直是欧洲各国强身健体的重点：19 世纪法国、英国和德国的大部分健身活动都带有明显的军国主义色彩。1896 年奥运会的复兴为当时日益高涨的竞争精神提供了宣泄渠道。《电讯先驱报》上的一篇文章讨论了体育运动在备战中的作用：

> 英伦三岛有句谚语说："英格兰的战斗是在板球场上打赢的。"美国在民主和人类事业方面即将获得的胜利，可以归功于棒球场、橄榄球场、

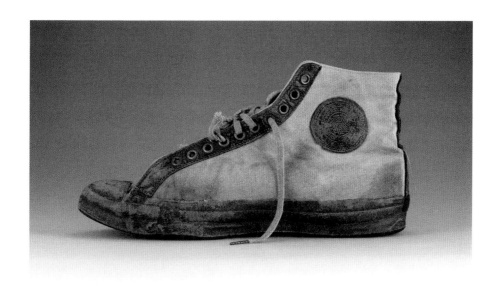

1917 年，匡威胶鞋公司推出了一款经久不衰的运动鞋。推向市场时，棕色帆布鞋被称为全明星鞋，白色帆布鞋被称为防滑鞋，只是鞋底略有不同。最终，公司放弃了防滑鞋，全明星鞋逐渐成为一种象征。匡威全明星鞋 / 防滑鞋，美国，1924 年

网球场、田径场和水上训练场，因为响应总统号召入伍的 1000 万青年男子都在美国体育大军中受过初步训练。[31]

这篇文章提倡体育，认为体育不仅是取得胜利的手段，而且有助于防止美国在世界舞台上蒙羞。这篇文章可能有点夸张，但是这种担忧似乎有充分根据。《体育文化杂志》（*Physical Culture Magazine*）报道称："在 1000 万人中，只有 200 万人的身体状况适合服兵役。"[32] 这种说法或许有些夸张。但是，这些应召入伍者身体素质低下，的确令人不安。然而，更让人不安的是战争对参战者造成的伤害。经过科学改良的武器带来了难以想象的大屠杀，同时医学的进步也拯救了许多重伤员。他们身体受伤后脆弱不堪所产生的社会影响，加上战争结束后和平的脆弱，都使运动健身成为 20 世纪 20 年代的重要文化问题。

此时，古希腊人完美的身体得到推崇，成为人们的理想，并为 1920 年和 1924 年的夏季奥运会注入了新的能量。古代的青铜"神像"金光闪闪，完美无瑕，户外运动和日光浴成了塑造与之相媲美的身体的手段。在女性时尚方面，雕像般的吉布森女郎被体态优美的好莱坞时髦女郎所取代，于是女性开始担心身体"超重"。不久前，女性参政论者还利用绝食当作抗议的工具，而现在禁食也开始流行，真是一种无情的讽刺。人们积极锻炼身体，与其说是为了显示"智慧、勇气、优雅和力量"，不如说是为了减肥。1926 年，布鲁克斯博士（Dr Brooks）在《纽约时报》上写道："时下流行的主要减肥方法是过度锻炼……饥饿疗法，不喝水，过量使用甲状腺剂和碘，还有过度吸烟，而所有这些方法都是有害的。"[33] 尽管人们开始强调运动，但是崇尚运动和女性气质仍然是两种相互对立的理想。一些女性继续参加竞技运动，其中有少数人，如法国网球名将苏珊娜·朗格朗（Suzanne Lenglen），甚至一举成名。然而，《时尚》杂志宣称，尽管"大都市的普通大众都穿着高跟拖鞋或凉鞋步履蹒跚地去上班……但是她们开始承认，穿低跟鞋从事运动是'正确的'（这个词很糟糕），而且她们知道，在网球和壁球等运动中几乎没人穿高跟鞋"。[34] 尽管如此，很多女性仍然穿高跟运动鞋。有人甚至提倡高跟鞋和泳装搭配：

> 整形医院（Reconstruction Hospital）说，对于游泳者和度假露营者而言，如果想保护自己的脚弓，无论赤脚还是穿平底运动鞋，她们都没有采取正确的方法。医院说，为了避免软脚或扁平足，女孩穿高跟帆布鞋搭配泳装的想法是正确的。[35]

尽管白色网球鞋仍然被用来在奢华的度假胜地炫富，但是出售中的大多数运动鞋都价格低廉，来自各个社会经济阶层的人都穿得起这种鞋。《纽约时报》1923年报道说，因为材料和生产技术的革新，帆布胶鞋和其他胶底运动鞋的销售情况特别好。[36]同年这家报纸还报道说，尽管法国的工业已经蓬勃发展，但是美国制造的运动鞋在法国仍然具有潜在的市场。这种机会与下述事实有关：

尽管女性越来越多地参与体育运动，但是她们仍然担心崇尚运动会削弱她们的女性气质。这双 Fleet Foot 运动鞋采用高跟，以提升穿者的女性气质。加拿大统治橡胶公司（Dominion Rubber）制造，约 1925 年

　　随着战后生活水平的提高，各个阶层的鞋子销量都有所增加，因为机械师、劳工和农场工人不再满足于穿上一代的笨重鞋子……以前穿绳底帆布鞋的劳动人民，现在穿上了类似的橡胶底帆布鞋。学校的孩子，特别是在放假期间，越来越多地穿后一种鞋子。运动和户外游戏在战后越来越受欢迎，促进了鞋子的销售。[37]

　　随着越来越多的人开始穿运动鞋，越来越多的制造商开始生产运动鞋，产量不断增加以满足需求，运动鞋的价格进一步下跌。现在运动鞋制造商不得不通过寻找新的营销方式争夺市场份额，包括接受代言。1920年，芝加哥大学的教练哈伦·"帕特"·佩奇（Harlan "Pat" Page）为匡威全明星鞋做代言，而科迪斯鞋（Keds）则在1925年得到原始凯尔特人队的代言。这些荣誉在《男孩生活》（*Boy's Life*）和《大众机械》（*Popular Mechanics*）等杂志的广告中大肆宣扬。也是在这个时候，年轻的篮球运动员兼教练查克·泰勒（Chuck Taylor）开始与匡威进行合作。

　　经济出现大萧条后，运动鞋渐渐赢得了支配地位。未充分就业和失业者的"休闲时间"增加了，节俭变得至关重要。便宜一些的运动鞋取代了皮鞋，穿运动鞋进行非体育活动也司空见惯。面对这种趋势，运动鞋制造商乘势而上。1934年，在梅西百货（Macy's）举办了第四届每年一度的全国运动鞋周，有一篇文章这样写道："美国又开始喜欢户外运动了。每个人——男人、女人和孩子——都计划尽可能地到户外去，他们大多数人拥有了更多时间去闲逛或玩耍！此时，制鞋商开始大显身手，准备强调和渲染运动鞋！"[38]公司试图"渲染"运动鞋的一种方式便是推出签名鞋。签名鞋不仅是简单的代言，它还表明在实际设计运动鞋时会征求体育英雄的意见，或者至少得到他们的认可。第一双签名鞋是1934年推出的匡威查克·泰勒全明星鞋。第二年，百路驰公司（B. F. Goodrich）的加拿大分部设计了由加拿大著名羽毛球运动员杰克·珀塞尔（Jack Purcell）代言的运动鞋。这款运动鞋和查克·泰勒全明星鞋一样，都将会成为一种经久不衰的款式。几年前邓禄普公司首次推出了邓禄

篮球教练查克·泰勒在 20 世纪 20 年代开始为匡威工作，1934 年他的名字被添加到著名的匡威全明星标志中。美国，20 世纪 20 年代

普绿光运动鞋，英国网球运动员弗雷德·佩里（Fred Perry）穿上这种运动鞋后势不可当，从 1934 年到 1936 年连续三次赢得温布尔登网球公开赛冠军，大大推动了这种鞋子的销售。虽然邓禄普公司从中获利，但是佩里却被禁止通过官方认可获得补偿，因为这样做会取消他的业余身份。杰西·欧文斯（Jesse Owens）是美国最伟大的运动员之一，在 1936 年夏季奥运会上他获得了四枚金牌，这为他赢得了声誉，但没有带来财富。业余运动员体育比赛大获成功，却禁止从中获得经济利益，这一规定令杰西·欧文斯特别愤怒。

欧文斯奥运会摘冠和他穿的鞋子的故事，后来都成为运动鞋传奇的一部分。奥运会开幕前，达斯勒兄弟阿迪（Adi）和鲁迪（Rudi）在他们的公司达斯勒兄弟制鞋厂上班，生产运动鞋。他们的一个主要目标就是让奥运选手穿上他们生产的鞋子。他们在往届奥运会上曾经为运动员提供过服装，到了 1936 年他们与德国田径教练约瑟夫·魏策（Josef Waitzer）合作，研发短跑用鞋。阿迪盯上的运动员是杰西·欧文斯，他请求魏策帮忙送给欧文斯一些跑鞋。魏策有些犹豫，因为当时正处于纳粹的白色恐怖之下——欧文斯不仅是美国人，而且还是非洲裔美国人，他的运动成就有力地驳斥了纳粹的意识形态。但是，欧文斯最终还是拿到了几双鞋子，穿着它们进行训练。尽管欧文斯从未在比赛中穿过，但是时至今日阿迪达斯仍然对欧文斯和他们鞋子的这段缘分感到无比自豪。[39] 如果欧文斯能够和达斯勒兄弟制鞋厂做一笔代言交易，结果可能会怎样呢？这种想法实在有趣。"二战"的政治纷争把达斯勒兄弟卷入了纳粹运动。战后，兄弟俩分道扬镳，都在德国小镇黑措根奥拉赫（Herzogenaurach）成立了独立的公司，并成了死对头。后来，他们分别创立了阿迪达斯和彪马（Puma）两大品牌。

尽管欧文斯个人在奥运会上取得了成功，但是德国人获得的奖牌总数最多，雅利安人身体强壮无比的神话仍然是纳粹意识形态的核心。在"一战"期间，男人的身体健康和战备状态成为全世界关注的焦点。希特勒在《我的奋斗》一书中宣称：

> 假如德意志民族拥有一帮在体育方面训练有素的青年男子，他们充满爱国热情，随时准备在战斗中主动出击，那么我们民族国家不到两年就可以把他们打造成一支军队……还必须培养他们运动的灵活性，这可以作为一种防御武器，服务于这场运动。[40]

完美的体格被吹捧为社会和种族优越性的外在证据，德国人、日本人和意大利人都举办过全民健身集会。据报道，贝尼托·墨索里尼（Benito Mussolini）于1939年对他手下的领导人进行了为期四天的体能测试，其中包括那些"50多岁的胖子"。[41] 同样，盟军也试图通过一些活动提高健康意识，增强国民体质，这些活动将个人健康与国家安全联系在了一起："每天都有越来越多的人意识到体育的重要性。在许多国家，这已成为国家大事，政府想方设法鼓励本国年轻人强身健体。"[42] 在这一"完美政治"时期，运

杰西·欧文斯在1936年柏林夏季奥运会上获得4枚金牌。据说他在奥运会训练期间穿的是阿迪·达斯勒和鲁迪·达斯勒提供的鞋子。《杰西·欧文斯破纪录的200米跑起跑》，1936年

动鞋成为许多人衣柜里的必备品。运动鞋生产进一步改善，橡胶的供应不断增加，运动鞋生产行业蓬勃发展。战争爆发时，世界各地的人都在生产运动鞋，也都穿上了运动鞋。捷克制鞋商拔佳公司（Bata）也生产运动鞋，它是世界上最大的鞋履生产商之一，20 世纪 30 年代初期在印度建立了一个工厂，从 1936 年开始生产拔佳网球鞋，成为第一个将生产转移到亚洲的西方制鞋企业。[43] 法西斯主义的兴起和由此产生的恐惧，已经使运动鞋成为世界上最大众化的鞋子。

战争之初，运动鞋的命运就受到了质疑。日本人很快控制了位于太平洋战区的许多世界上最大的橡胶生产区，由此导致的橡胶短缺威胁到了盟军的军事胜利，因为从轮胎到救生筏，从防毒面具到浮桥，橡胶都必不可少。[44] 由美国总统富兰克林·D. 罗斯福（Franklin D. Roosevelt）创立的橡胶调查委员会宣布，橡胶短缺是"对我国安全和盟国事业获得成功的最大威胁……如果我们不能迅速获得大量的新橡胶供应，我们的战争将会失败，国内经济将会崩溃"。[45] 因此，橡胶是第一批定量供应的商品之一，运动鞋生产也因此停止。在美国，运动鞋制造商尝试了一系列营销技巧，继续留在公众的视野中：

> "科迪斯"是战争的首批受害者之一……迫于战争压力，这些"制鞋商"开始思考创新，尽己所能满足战争的需求……正是这些"制鞋商"制造了橡胶救生筏、救生衣、中弹自动密封油箱、丛林靴——共数十种产品。

通过类似的广告文案，科迪斯和其他公司试图在人们的头脑中占据重要位置。运动鞋制造商还使用另外一种方法，就是向男孩分发带有体育英雄建议的函购小册子。这种针对青少年市场的早期定位，预示着重心是青年文化，它将会牢牢地把控战后的市场推广。[46] 在战争初期，美国陆军曾尝试给部队配备高帮胶鞋，但是由于橡胶供应有限，而且为军事目的制造的胶鞋质量低劣，结果证明这种做法是不切实际的。尽管如此，人们还是认为胶鞋比皮靴更适

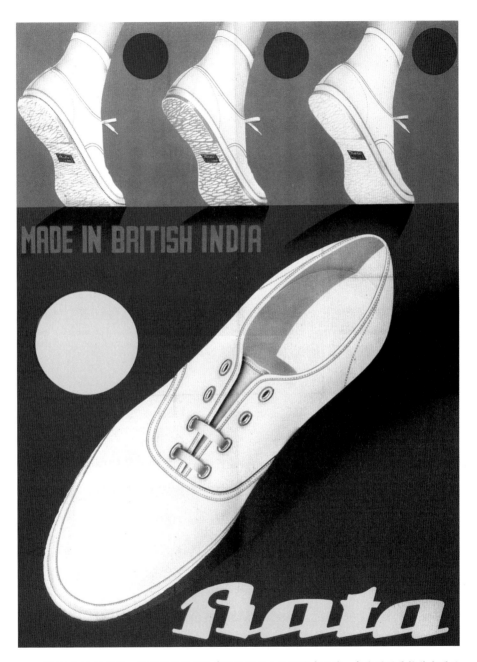

　　到 20 世纪 30 年代，运动鞋的生产和穿运动鞋的人已经遍布全球，部分原因是拔佳发明了 CENEL 冲压机。这张海报推广的是印度生产的拔佳运动鞋。捷克，20 世纪 30 年代

图中的这款加里森高帮鞋（Garrison high-tops），命名很巧妙，是为军服设计的。但是，制造工艺拙劣，很快被淘汰。加拿大，1940 年

合在热带地区作战。

日本对太平洋橡胶生产区的控制，不仅导致了全球范围内的橡胶定量供应，还加剧了替代品的研发竞赛。几乎从懂得橡胶硫化开始，科学家就在想方设法制造合成橡胶。"一战"也曾经历了类似的橡胶短缺，推动了这一领域的发展，但是最重要的发现出现在 20 世纪中叶。在战争年代，合成橡胶的研发成为轴心国和同盟国共同关注的焦点。德国法本化学公司（IG Farben）的化学家将丁二烯和苯乙烯结合起来，合成了相对柔软的合成丁纳橡胶。美国的合成橡胶后来被称为氯丁橡胶，是杜邦公司在 1931 年研发的。[47]美国制造商重点使用以石油为基础的材料，其中百路驰公司成为最大的合成橡胶生产商，同时也为塑料的发明奠定了基础，而塑料将会给业内带来革命性的变化。[48]这些研发，加上杜邦尼龙等其他合成材料的发明，在接下来的几十年里改变了运动鞋的生产。

战争刚刚结束，运动鞋制造业又重新开张，但是在许多国家，制鞋业的

复苏受到了挑战，定量配给仍然存在。在美国，运动鞋生产迅速恢复正常，匡威、科迪斯和百路驰都恢复了生产。家庭度假重新开始，帆布帮和橡胶底的运动鞋再次成为全家人夏季的首选。战后的生产能力使运动鞋的成本降到了历史最低水平，婴儿潮将运动鞋的消费带到了新的高度，将廉价的高帮帆布鞋和低帮"查克鞋"改成了童鞋。电视是战后最具文化意义的技术应用之一，20世纪50年代每逢周末电视便向美国儿童推销运动鞋。在周六上午的卡通节目中，小丑科迪索（Kedso）会出现在推广科迪斯运动鞋的动画广告中。广受欢迎的家庭电视节目《丹尼斯的威胁》《反斗小宝贝》《神犬莱西》《老爸最知道》中，男孩和女孩总是穿着运动鞋。在那种平淡乏味、千篇一律的时代，运动鞋暂时失去了一切与身份地位的联系。但是后来证明，经过电视的推动，运动鞋又重新成为身份和排他性的附属品。

当美国的运动鞋公司一门心思生产用于体育（健身）课和夏季穿的运动鞋时，包括战败国在内的其他国家的制造商，开始为精英运动员生产运动鞋。日本的鬼冢虎（Onitsuka Tiger）于1949年首次亮相，专注于长跑和田径小众市场。鲁迪·达斯勒于1948年创立的德国彪马，以及阿迪·达斯勒于1949年创立的阿迪达斯，都在精英运动鞋市场表现出色。阿迪达斯运动鞋是为竞争激烈的运动员设计的，但是该公司的许多款式，如1950年首次推出的桑巴（Samba）全能训练鞋，很快就在业余运动员身上大获成功。阿迪达斯运动鞋上醒目的三道杠，对于品牌塑造起到了一定作用。1954年，德国足球队穿着阿迪达斯足球鞋击败了匈牙利队，夺得了国际足联世界杯冠军，从此该品牌在欧洲家喻户晓。1965年，阿迪达斯推出了皮革版Pro Model，打入美国篮球市场。1968年墨西哥城奥运会，阿迪达斯是精英运动鞋的最大供应商，85%的比赛选手都穿着阿迪达斯。[49]第二年，阿迪达斯推出了超级巨星（Superstar），这是第一款缝有贝壳底的低帮皮革篮球鞋，也是运动鞋历史上最重要的款式之一。

这些年彪马主要制造足球靴和田径鞋，表现同样优异。在1960年和1964年的夏季奥运会上，他们成功地让获得奖牌的选手穿上了他们的鞋子。[50]1968

　　"科迪斯总是只玩耍不工作！"这则战后广告正在向所有家庭成员兜售休闲鞋。美国，约20世纪50年代

最初的阿迪达斯桑巴运动鞋于 1950 年推出，是为寒冷环境设计的。到 20 世纪 60 年代，这款运动鞋越来越受欢迎，到了 70 年代，它被改造成室内足球训练鞋，成为阿迪达斯历史上第二畅销的运动鞋。德国，1965 年

年奥运会，大多数运动员穿的都是阿迪达斯，但是彪马却成了关注的焦点。美国奥运金牌得主汤米·史密斯（Tommie Smith）和队友铜牌获得者约翰·卡洛斯（John Carlos）脱掉彪马绒面革运动鞋，穿着袜子登上了领奖台。听到国歌《星条旗永不落》响起，他们低下头，举起戴着黑色皮手套的拳头。当时正值民权运动的鼎盛时期，这两位运动员利用自己的荣耀时刻来讽刺美国的虚伪，因为美国虽然承认他们的成就，但是社会上却仍然存在种族主义。

　　吸引人们注意的不仅仅是奥运会举足轻重的地位。阿迪达斯、彪马和鬼冢虎推出的多姿多彩的流线形皮鞋，与美国生产的运动鞋明显不同。几十年来，匡威全明星运动鞋和 P. F. Flyers 运动鞋几乎没有什么变化，吸引力日渐减弱。新百伦（New Balance）等公司很快就采取了应对措施。新百伦于 1960 年推出的双色皮革 Trackster 运动鞋，采用了简单的气动设计，是首款采用创新纹波鞋底的跑鞋。20 世纪 60 年代，跑鞋日益重要，慢跑成为受欢迎的大众娱

乐方式。20 世纪 60 年代初，亚瑟·利迪亚德（Arthur Lydiard）首先在新西兰开始推广令人身心愉悦的慢跑运动，俄勒冈大学的田径教练比尔·鲍尔曼（Bill Bowerman）把这种运动介绍到了美国。鲍尔曼对这种新的运动形式充满热情，并于 1966 年出版了《慢跑》一书，到 1973 年美国已经有 650 万人在慢跑。[51]

慢跑的迅速流行，与所谓的"唯我"一代只关注自我利益相吻合，他们想方设法美化身体，通过炫耀性消费炫耀自己的成功。到 20 世纪 60 年代末，人们早已抛弃了完善身体、报效国家的想法，开始更加重视个人成功。这种对自我的关注使得慢跑、快跑等个人运动大幅增加。甚至集体运动也从业余团体运动转变为由教练带领的健身班，每个参与者都关注如何提高自己的表现。如果想进行比赛，往往可以参加马拉松等赛事，在彼此之间展开竞争。这些趋势对运动鞋公司是一种福音。无论在跑道还是在迪斯科舞厅争夺注意力，消费者觉得什么鞋子会给自己带来优势，就会投资什么鞋子。于是，耐克公司应运而生，这也是运动鞋历史上最重要的公司之一。

耐克是俄勒冈州教练比尔·鲍尔曼和他的中长跑运动员菲尔·奈特（Phil Knight）合伙创建的品牌。20 世纪 60 年代慢跑热开始之际，奈特撰写了一篇关于日本运动鞋品牌与德国运动鞋品牌争夺美国市场份额的论文，作为他在斯坦福大学攻读商科硕士学位的部分内容。他坚信日本品牌可以超越德国品牌。毕业后，奈特说服鬼冢让他担任其美国经销商。鲍尔曼一直在想办法减轻跑鞋的重量，他没有去简单地买回几双鞋子，而是主动提出成为奈特的合作伙伴，并向鬼冢虎提供了设计思路。[52] 他们把自己的公司命名为蓝带体育用品公司（Blue Ribbon Sports），菲尔·奈特通过他的绿色普利茅斯勇士汽车卖出了第一批鬼冢虎鞋。到 1970 年，两人产生了根据鲍尔曼的设计制造自己的运动鞋的想法。他们根据希腊胜利女神的名字将鞋子命名为耐克，然后支付了 35 美元，请波特兰州立大学平面设计专业的年轻学生卡罗琳·戴维森（Carolyn Davidson）设计商标，即今天的标志性旋风（Swash）。[53]

1972 年，耐克推出了第一款运动鞋 Cortez，立即成为经典。鲍尔曼的第一款运动鞋曾经以鬼冢 Cortez 的名字首次亮相，但在耐克与这家日本公司痛苦地分手后，他们对设计略作调整，添加了耐克旋风标志，将其命名为耐克 Cortez。鬼冢最后也做了改变，将自己的这款鞋子重新命名为海盗（Corsair）。耐克极易识别的商标和高品质，很快吸引了业余跑步爱好者和田径精英的注意。Cortez 大获成功后，耐克于 1974 年推出了华夫训练鞋（Waffle Trainer）。这款鞋子的鞋底，设计灵感来自鲍尔曼的著名实验，他把橡胶倒进家里的华夫饼烤模中，制成了花纹很深的鞋底，但是并未使用多少橡胶。这款运动鞋的鞋帮引人注目，用料是非常轻的亮蓝色尼龙，上面带有醒目的黄色旋风标志。鞋子走起来毫不费力，既适合健身，也非常时尚。

随着高端品牌融奢侈与华丽于一体，顶级跑鞋成了人们梦寐以求的目标和炫耀性消费的象征。《时尚》杂志在 1977 年宣称，"真正跑步者的运动鞋"（最热门的身份象征）以及普通运动鞋，已经成为一个价值 100 亿美元的产业，满足了"唯我的十年"及其疯狂自恋的需求，这种自恋源自"新获得的财富和花掉这些财富所耗费的时间"。[54] 运动鞋的种类越来越多，人们可以借此表达时尚个性："通常，如果 3000 万人同时做同一件事，会给人一种千篇一律的感觉，仿佛每个人都是用同一个模子打造出来的。但是，运动鞋的情况却不同，好像每个人都想借此展示某种独立性。"[55]

然而，并非所有人都喜欢昂贵的高端运动鞋，而且每项运动都需要特定的运动鞋，也让许多人心生怨言。这种令人叹息的事屡屡发生。一位父亲在一篇题为《运动鞋如瘟疫般耗尽我们的国力》的文章中讲述了他的震惊：他渴望儿子参加体育活动，但是他很快就意识到了要购买多少双运动鞋。他这样写道：

> 运动可以塑造人的性格。儿子开始对运动感兴趣，我很高兴。但是，等他宣布需要购买一双新运动鞋，我却高兴不起来。我很心烦，因为他有新运动鞋……但是妻子和儿子委婉地告诉我，说我是个彻头彻尾的白痴。原来，人们跑步不穿平底运动鞋……要跑步就要购买一款完全不同

　　比尔·鲍尔曼的毕生目标之一就是制造最轻的跑鞋。经过探索，他开发出了重量轻、花纹深的华夫饼鞋底。耐克华夫训练鞋，美国，1974 年

的运动鞋，必须再支付一笔美元。不仅如此，运动鞋销售员还告诉我，根据我儿子的跑步方式，他可能需要好几种运动鞋。[56]

尽管许多父母屈从于子女的愿望，但是一些孩子更喜欢技术含量低的老式运动鞋，作为反时尚的宣言。朋克族喜欢高帮帆布鞋，这种鞋的外形与朋克时尚的其他主要款式类似，比如系带战靴和马丁靴。许多人，比如朋克乐队雷蒙斯（Ramones），还喜欢低帮运动鞋。西海岸的滑板者也欣然接受这种低帮运动鞋，这是加利福尼亚海滩生活的一款经典。后来，他们把这种鞋改造成了滑板鞋。1965 年，伦道夫橡胶公司（Randolph Rubber Company）第一次制造了兰迪 720 滑板鞋（Randy 720），但是到后来范·多伦橡胶公司（Van Doren Rubber Company）推出的范斯鞋（Vans）主导了市场。滑板爱好者在范斯鞋中看到了他们喜欢的东西，公司也做出了回应；他们著名的黑白格子图案，灵感就来自一些孩子装饰范斯一脚蹬（Vans Slip-on）白色鞋帮的方式。1982

范斯棋盘格一脚蹬（Vans Checkerboard Slip-on）是一款标志性的滑板运动鞋，棋盘格的灵感源自孩子们在运动鞋上画的图案。这款运动鞋在电影《开放的美国学府》（1982）中给人留下了深刻印象。美国，2014 年复刻的 20 世纪 80 年代款式

年，肖恩·潘（Sean Penn）在他的突破性电影《开放的美国学府》中就穿了一双这样的鞋子，之后这种独特的风格风靡全球。范斯鞋体现的是青春、自由、速度和锐意进取。到了 80 年代末，它已经被许多嘻哈人士所接受。

然而，将要定义运动鞋文化、主导运动鞋时尚的正是篮球鞋。策源地就在纽约市的各个行政区。在纽约数不清的篮球场上，官方篮球鞋和临时制作的篮球鞋都纷纷登场，并成为城市街头的时尚文化标志和主要用鞋。篮球运动几乎从诞生之初就是一项城市运动，到 20 世纪 60 年代，纽约的球场成了市中心的精英吸引观众、建立政治联盟、精心策划竞争、通过举办篮球比赛打造明星的地方。这些"街头篮球"运动员打法咄咄逼人，目空一切，他们会让比赛更有观赏性，招募专业球员的人是不会忽视这一点的。比赛场面日益壮观，对于电视转播体育的时代而言是完美的，而且一种更浓的街头比赛风格逐渐渗透到职业篮球中，使这项运动开始发生变化。到 20 世纪 70 年代，90% 的职业球员来自城市中心。[57] 虽然只有少数人成为名人，但是对于那些成为超级明星的人，他们的名声很快就被商品化了。1971 年，阿迪达斯与出生于哈莱姆（Harlem）的卡里姆·阿卜杜勒·贾巴尔（Kareem Abdul-Jabbar）签约，推出了首款带有代言名人签名的篮球鞋。[58] 彪马于 1972 年与纽约尼克斯队的沃尔特·"克莱德"·弗雷泽（Walt "Clyde" Frazier）签约，匡威为了与欧洲品牌竞争，于 1976 年推出了 J 博士（Dr J）代言的全明星皮革版 Pro Model。在这三款运动鞋中，只有彪马克莱德（Puma Clyde）将运动和时尚联系在了一起。弗雷泽被认为是美国职业篮球联赛（NBA）中穿着最惹眼的人，他甚至穿着貂皮大衣出现在彪马广告中，而且这也是运动鞋与西装最早搭配的照片之一。在都市时尚中，篮球运动鞋正成为一种在球场内外展示男性个性的方式。

1973 年嘻哈文化首次亮相，为年轻男性提供了另一种竞争，这种竞争同时取决于技能和风格。为了演奏歌曲的"独奏华彩段"（break），即一首歌的器乐部分，DJ 库尔·赫克（Kool Herc）会使用两个转盘，于是霹雳舞开始登场。在独奏华彩段期间，赫克对霹雳舞者的口头激励，推动了说唱乐的发

　　彪马克莱德于 1973 年首次亮相，是纽约尼克斯队球员沃尔特·"克莱德"·弗雷泽的签名鞋，很快成为城市时尚的焦点。正如图中这款橙色鞋子所示，沃尔特·弗雷泽的签名出现在脚趾部位。

克莱德，追逐系列（Chase Pack），2005 年复刻的 1973 年款式

展。霹雳舞天生就具有竞争性，舞蹈动作独出心裁，极具运动属性，而且像城市篮球一样，需要功能和"新鲜"兼具的鞋子。随着霹雳舞的演变，组合的凝聚力往往通过统一的着装来表达，而个性则是通过鞋子来保持的。《你从哪儿搞到的？》的作者鲍比托·加西亚（Bobbito Garcia）回忆这一时代时这样写道：

> 从1970年到1987年，纽约的目标是在一个集体框架内维持你的个性。这些集体包括操场上的球员、涂鸦作家、霹雳舞男和霹雳舞女、DJ、说唱歌手（MC）和人体音响师（beatboxer）。这种精神是具有竞争力和进步的……不管是在球场上创造出一种新布吉舞步，还是在油地毡上做出的新定格，球员和嘻哈乐迷都在不断地突破常规、积极创新。[59]

霹雳舞在形式和时尚方面都富有竞争性。图中这些身穿各种款式和品牌的运动鞋的舞者，正在纽约市的一个街角跳舞。美国，1981 年

他们对运动鞋特定类型和品牌的兴趣，催生了运动鞋文化，而且与整个美国社会的文化大趋势相吻合，这种趋势表明人们可以通过建立品牌联系实现个性表达。尤其是运动鞋，就提供了广泛的可能性，因为每个品牌、每种型号、每种配色都可以用来表达细微的社会差异。不久，男性气概、城市文化和运动鞋之间的联系就为更多的人所了解和接受。通过职业篮球这种方式，尤其是 1976 年在科罗拉多州丹佛市通过电视直播的灌篮大赛，彰显身份的运动鞋开始成为所有美国人梦寐以求的目标。而音乐则是另一种方式。1979 年，糖山帮乐队（Sugarhill Gang）发布《说唱歌手的欢愉》（*Rapper's Delight*），这是第一支进入美国流行音乐排行榜前 40 名的说唱单曲，而轰动一时的电影《闪电舞》（1983）则展现了霹雳舞稳步摇摆舞团（Rock Steady Crew），使得霹雳舞席卷全球，也让嘻哈时尚得到广泛认可，当然也包括运动鞋。随着都市时尚的流行，人们的注意力从 20 世纪 70 年代色彩鲜艳的跑鞋转移到了 20 世纪 80 年代引人注目的篮球鞋，公司也纷纷追赶这股潮流。耐克公司从成立之初就生产篮球鞋，但正如《纽约时报》的安德鲁·波拉克（Andrew Pollack）在 1985 年所写，耐克公司"在时尚开始变化后……表现得措手不及"。[60] 文章报道说，1984 年耐克的收入下降了 29%，是该公司十年中首次下降。但是，有一个亮点是，"芝加哥公牛队篮球明星迈克尔·乔丹代言的黑红相间的新款 Air Jordan 球鞋，似乎风靡一时"。[61] 文章还引用耐克发言人道格拉斯·S. 赫克纳（Douglas S. Herkner）的话说："我们正回到我们最了解的领域，即运动服装，并加入一点时尚。"[62] 波拉克和赫克纳都无法预见的是，耐克新推出的 Air Jordan 品牌将会对时尚和文化产生巨大影响。

第一款 Air Jordan 由彼得·摩尔（Peter Moore）设计。这款高帮皮鞋的配色是芝加哥公牛队的红色和黑色，采用了耐克空气技术，在鞋底藏有密封空气，能够起到缓冲作用。迈克尔·乔丹第一次见到这款鞋，就称之为"魔鬼鞋"，确实这款鞋子给他带来了麻烦。1984—1985 赛季他穿着 Air Jordan 出场，因不符合"制服一致性规则"遭到美国职业篮球协会的谴责和罚款。很显然，耐克无意中发现了完美的营销手段。迈克尔·乔丹是篮球天才，球技出神入化，

    1984 年耐克开始为超级劲旅芝加哥公牛队新秀迈克尔·乔丹定制运动鞋，这成为运动鞋历史上的最关键时刻之一。原始 Air Jordan，美国，1984 年

胆识过人，训练刻苦，每场比赛都穿着 Air Jordan 比赛，挑战规则，彰显了美国人的个人主义。耐克乐意为他每次违反规定支付罚金。[63]

正如 Air Jordan 运动鞋让千千万万的人与篮坛巨星迈克尔·乔丹超凡的球技联系在一起，纯白色的"耐克空军一号"（Nike Air Force 1）代表着另一种个人成功。

这款鞋子以美国总统的专机命名，于 1982 年首次亮相，但是仅仅一年后便宣布停产。到 1986 年，它又以全白色重新推出，并迅速流行起来，尤其是在纽约市。"空军一号"俗称"上城区"（Uptowns），[64] 被奉为毒品贩子的首选运动鞋，他们能够穿崭新的白色运动鞋，暗示着触不可及，既代表着财富，也代表着地位。这一形象具有多重含义，其寓意的模糊性吸引了各色人等。在媒体上，穿运动鞋的城市毒贩既被视为英雄，也被视为恶棍，既令人恐惧，

1982 年，布鲁斯·基尔戈（Bruce Kilgore）设计了"耐克空军一号"。第一个版本是白色，带有浅灰色的旋风设计，但是 1986 年，发布了标志性的纯白款。美国，1982 年

也充满魅力。就像牛仔这一复杂偶像的现代版，毒贩因其超级男性魅力和坚定的个人主义而著称。他们公然藐视法律，白手起家致富，又进一步为他们的形象增添了魅力。

毋庸置疑，并非所有人都赞同通过这种方式塑造城市男子气概。说唱乐队 Run-DMC 的歌曲《我的阿迪达斯》便直接挑战了这种形象。他们的标志性造型就包括阿迪达斯超级明星鞋（Adidas Superstar）。这款鞋子没有鞋带，就像"空军一号"一样，也是城市时尚的核心，媒体认为这种设计源自监狱，其目的是防止囚犯伤害自己或他人。但是 Run-DMC 乐队在说唱中说道，尽管他们穿着没有鞋带的运动鞋，但是他们的阿迪达斯"只会带来好消息，不会有人穿着它去犯下重罪"。的确，正如歌词所说，他们合法购买了运动鞋，上了大学，穿上超级巨星鞋，为的是增进友谊。[65]

这首歌的流行，让 Run-DMC 乐队鼓起勇气，于 1986 年向阿迪达斯索要 100 万美元的代言费。意识到嘻哈音乐所代表的市场份额之后，阿迪达斯高管同意了他们的要求，而且还与其他音乐人达成了众多交易，把包括运动鞋在内的城市音乐和时尚带到了全世界更多的观众面前。嘻哈时尚的普及，给运动鞋迷带来了更大的压力，因为他们必须想方设法通过运动鞋彰显自己的个性。稀有的古老鞋履迎来了满怀渴望的买家，而知名的制造商则积极开展尖端创新和设计。

运动鞋文化还面临着另一种压力，因为老年人为了舒适和易穿，也把目光转向了运动鞋和运动服。许多人购买的是普通的不知名品牌，但是另一些人愿意多付钱购买拥有尖端创新技术的运动鞋，例如有些品牌增加了缓冲软垫或魔术贴，穿脱都更加容易。业界既要吸引具有时尚意识的消费者，也要吸引更务实的消费者，他们同样愿意多掏腰包。

在 20 世纪 80 年代中期引入的创新技术中，空气技术最引人注目。"耐克 Pressure"和"锐步 Pump"等型号的运动鞋，有气泵为内部气囊充气，气囊能起到缓冲作用，而且可以自动调整。里面封装的空气能缓冲多款耐克运动鞋鞋底的冲击。在 20 世纪 80 年代，计算机技术整合到了运动鞋设计中，

　　这张阿迪达斯促销明信片可以追溯到公司与说唱乐队 Run-DMC 合作的初期。每个成员都穿着一双阿迪达斯超级明星运动鞋，他们的歌曲《我的阿迪达斯》让这款运动鞋一举成名。德国，1986 年

其中包括阿迪达斯的电子计步跑鞋（Micropacer）和彪马的智能跑步鞋（RS-Computer Shoe），它们都用来记录跑步者的进步。为了重塑形象，匡威推出了许多色彩鲜艳的皮革篮球鞋，包括"武器"系列球鞋（Weapon）。新的运动鞋公司也应运而生，它们进入城市时尚市场时也找到了渴望已久的顾客。

英国骑士（British Knights），是一家美国公司，成立于1983年。它揭示了许多公司都奉行的战略。这些公司的重点是城市消费者，但是最终目标是吸引更为庞大的郊区白人群体。正如他们的一份新闻稿所说："要让郊区中产阶级家庭的中学生购买公司产品，唯一的办法就是让市中心的孩子先穿上它。"[66]随着运动鞋文化的传播，英国骑士公司提出的策略将越来越成问题。非裔美国超级巨星运动员为这些运动鞋做了宣传，黑人青年使这些鞋子得到认可，他们

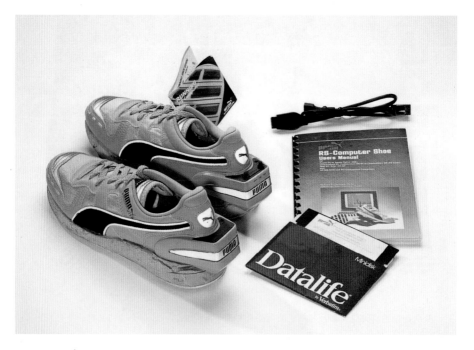

彼得·卡瓦诺（Peter Cavanaugh）设计的这款运动鞋，在后跟上装有计算机芯片，能够记录距离和时间。运动鞋带有软件包、程序光盘和连接器接线，可连接到家用计算机进行分析。智能跑步鞋，美国，1986年

给这些运动鞋注入了一种前卫的光环，既意味着坚定可靠，也暗示着充满抱负。然而，市中心的年轻人也同样是嘲笑的重点，他们对运动鞋的追求和使用受到了广泛批评。内森·科布（Nathan Cobb）在《波士顿环球报》撰写了一篇题为《运动鞋风尚是市中心时尚的唯一趋势》的文章，许多段落在谈及运动鞋文化时公然宣扬种族主义，而且充满攻击性，文章第一段就是如此：

> 我的天哪，难道沙基尔·穆罕默德（Shakil Muhammed）的鞋子看起来不新吗？趁他穿着鞋子沿着华盛顿大街商业区阔步走时好好看看吧，绒面革、橡胶、聚氨酯以及耐克公司的人想包在年轻人脚上的其他东西，这可是价值 109 美元啊。穆罕默德胳膊下夹着一个袋子，在袋子里的盒里是他 15 分钟前穿的价值 92 美元的耐克鞋。是上个月的款式，老兄。再见。[67]

其他人则带着家长式的忧虑写道，黑人青年购买运动鞋是在上当受骗，他们需要指导。关于市中心的年轻人是否应该购买昂贵的运动鞋的讨论，完全不得要领，因为与其说公司是针对非洲裔美国男性打广告，倒不如说是通过这些男性进行广告宣传。[68]《华盛顿邮报》的比尔·布鲁贝克（Bill Brubaker）写得更接近事实："这种现象特别突出，因为城市中心的黑人青年……引领制鞋业的潮流，确定制鞋业的风格，但是管理制鞋业的商人主要是白人，他们又将大部分产品出售给白人消费者。"[69] 尽管有这样的看法，但是围绕运动鞋和城市顾客的说辞仍然以遏制黑人男性的购买欲为主，而不是解决潜在的社会问题，这些问题使城市文化的同化变得如此令人向往和高度可商业化。

电影导演斯派克·李（Spike Lee）在电影《她说了算》（1986）中塑造了一个角色马尔斯·布莱克蒙（Mars Blackmon）。20 世纪 80 年代末，他打扮成马尔斯和迈克尔·乔丹一起出现在一系列大获成功的电视广告中，结果引发了针对市中心消费者的激烈争论。1990 年，在运动鞋失窃的过程中发生了许多广为人知的谋杀案，《纽约邮报》的菲尔·穆什尼克（Phil Mushnick）便指责耐克、迈克尔·乔丹和斯派克·李煽动起了人们的欲望，从而导致犯罪。李被激怒了，回应称穆什尼克是种族主义者，对引发犯罪的更严重的社会问题一无所知，由此引发了一场激烈的辩论。1990年5月14日出版的一期《体育画报》起到了推波助澜的作用，封面插图中有一双运动鞋，一个黑人男子手里拿着枪，指着一个身份不明的受害者的后背。随附的文章重点强调：

> 经济萎靡不振的市中心，甘愿利用贩毒和黑帮资金，这里存在幻想推动的奢侈品市场。这导致贫穷的黑人儿童犯罪率飙升，令人恐惧，他们试图通过"最酷亮相"立于时尚潮头，令人刮目相看。[70]

作为回应，艾拉·布雷科（Ira Brekow）在《纽约时报》上写道：

> ［乔丹和李］是市中心的年轻人和其他人的光辉榜样。他们工作，努力工作。他们最大限度地发挥自己的才智，通过汗水和智慧，获得了如今的地位，而这一切都是在社会制度和国家法律所允许的范围内做到的。他们坚守信仰。他们是冠军。[71]

1990年9月，莱斯·佩恩（Les Payne）在《新闻日报》上补充说：

> 将街头的运动鞋谋杀案归咎到——哪怕部分归咎到——乔丹身上，就像将克尔维特超级跑车的高失窃率归咎于雪佛兰的代言人黛娜·肖尔（Dinah Shore）一个道理。但是，全世界的穆什尼克从未想过因为某些罪行去责怪白人名人，他们让黑人名人为这些罪行承当责任，而且完全不当回事。如果真是如此，穆什尼克或某个高消费阶层的同事此时也许可以把唐纳德·麦肯锡（Donald McKinsey）被杀案送到为劳力士手表代言的白人名人的眼皮底下，正是这款手表成了全国一连串的抢劫案甚至谋杀案的新目标。[72]

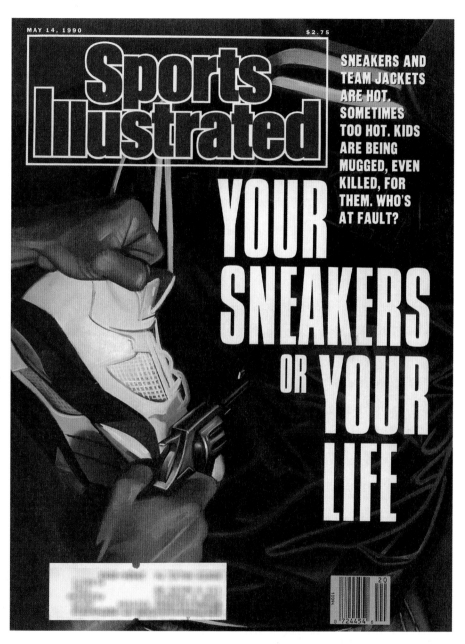

1990 年 5 月 14 日出版的《体育画报》封面颇具争议，图中的运动鞋让人联想起 Air Jordan 5

正当运动鞋、城市时尚和商业化之间的关系为制鞋业带来的问题越来越多之际，另一种穿运动鞋的成功男士横空出世。跟黑人运动员和说唱明星一样，硅谷奇才也成为成功男士的新典范。人们对这些身家百万的科技巨头既钦佩，又嘲笑和畏惧。他们会穿着运动服和运动鞋去参加董事会会议，这也说明商务布洛克鞋和西服三件套并不能反映世界新秩序。一位记者回忆说："在这个22岁成为网络公司百万富翁的时代，他们永远不用去面试，更不用说为面试买一套西装了，公司觉得正装打扮的观念有些过时了。"[73]

在人们察觉出这些转变时，运动鞋在普通男装中的地位也日益重要。从20世纪80年代末到90年代，周五便装日的演变原本是为了缓和一下工作场所的等级制度，增加员工之间的欢乐气氛，但是实际上，这意味着男性必须花更多的心思考虑自己的着装。一个多世纪以来，社会一直要求男性白领阶层必须穿统一的商务套装。社会地位可以通过昂贵的服装体现出来，而这些服装总体上反映出男装千篇一律的特点。然而，周五便装日却迫使男性尝试一项传统上针对女性的时尚规定，即通过时尚表达个性。的确，他们需要展示一下自我，真正的自我。运动鞋有各种各样的款式和颜色，反映出各种运动和亚文化，被认为是展示个人身份的完美配饰。甚至更为重要的是，运动鞋的使用回击了时尚消费中潜在的女性化联想，因为运动鞋长期以来一直与运动员、黑帮分子、极客等超级男性成功典范存在联系，强调了阳刚之气，而没有对其进行削弱。

相比之下，女性穿运动鞋搭配白领阶层的着装，便会遭到嘲笑。女性商务套装搭配运动鞋，同样也没有受到热情支持。整个20世纪80年代，从报纸文章到《雅皮士手册》（1984）都在讽刺穿运动鞋搭配西装的女性。特别是这本手册，它不仅嘲笑暴发户的特权，而且还在封面上刊登了一个身穿套装和耐克跑鞋的女性。为了在男性主宰的白领职场取得一席之地，20世纪80年代的女性受到鼓励开始在着装方面参考传统商务男装，但是融入了一些女性新花样，比如宽肩运动夹克配裙子和轻便低跟帆布鞋。显而易见，低跟帆布鞋不像布洛克商务鞋那么实用，因此女性经常穿着跑鞋或有氧健身运动鞋上下班，同时随身带着高跟鞋。这种穿运动鞋的新方法，让人们更清楚地认识到，这些女性要上班，就不得不离开家，来回奔波，她们这样做能产生重要的社会经济影响。很多人都赞同《运动鞋能穿出成功吗？不能》一文作者的看法：

> 我在大街上见到一款最新产品，实在难以置信……不，我说的不是与运动短袜和慢跑短裤搭配的鞋子，穿上这些衣服是去跑道飞奔的。我说的是搭配长袜、商务套装和定做衬衫，穿着健步如飞去上班的鞋子。[74]

运动鞋在健身房的魅力，不论大小，都显然无法转移到女性的工作场所。必须承认，进行有氧健身操这种最流行的健身房活动，通常是赤脚或者把护腿套在运动鞋上的。

运动鞋在女性时尚中渐渐受到欢迎，同时对男性也越来越重要。随着运动鞋文化的普及，运动鞋鉴赏家开始寻找那些罕见的、被人遗忘的款式，在20世纪末通过易贝（eBay）等网络销售商为滞销商品的热销提供了平台。对运动鞋的需求日益增加，促使高级时装公司开始销售运动鞋。20世纪80年代，古驰是第一家销售运动鞋的公司，到90年代普拉达紧随其后成为第二家。2002年，阿迪达斯与时尚行业最前卫的两位设计师山本耀司（Yohji Yamamoto）和杰里米·斯科特（Jeremy Scott）合作，开创了设计师联名系列的新潮流。同年，耐克与著名的滑板时尚品牌苏博瑞（Supreme）合作，2005年耐克转而与纽约斯泰伯设计公司（Staple Design）的杰夫·吴（Jeff Ng，别名杰夫·斯泰伯）合作，推出了斯泰伯耐克扣篮低帮专业版滑板"鸽子"鞋（Staples × Nike Dunk Low Pro SB "Pigeon"），限量发售引发了2005年的"运动鞋暴乱"，也重新唤起主流群体对暴力、运动鞋文化和种族问题的关注。尽管存在这样的争议，限量版联名款和高端运动鞋的制造仍然有增无减，因为男性越来越热衷于通过运动鞋来丰富自己的时尚语言。运动鞋的含义和喜欢穿运动鞋的人越来越多样化，参与运动鞋文化的人数也呈指数增长。2005

年，全球只发行了 150 双"鸽子鞋"，同年 vintagekicks.com 在纽约开了一家名为飞行俱乐部（Flight Club）的实体店，人们可以从这里邮寄或者购买各种古旧运动鞋。人们对购买滞销库存（被遗忘在商店仓库，原封不动地装在原盒里的运动鞋）原始发行运动鞋的兴趣飙升。"运动鞋迷"一词逐渐流行，到 21 世纪头十年中期，运动鞋杂志、书籍和网站吸引了成千上万的读者。运动鞋发布会人满为患，运动鞋大会也吸引了全世界成千上万的参与者。甚至连耐克的廷克·哈特菲尔德（Tinker Hatfield）等鞋履设计师的名字也家喻户晓，成为更大的鞋履文化潮流的一部分，也迎来了克里斯蒂安·鲁布托和马诺洛·伯拉尼克等知名鞋履设计师。

公众渴望得到收藏款、稀缺款和怀旧款运动鞋，各家公司纷纷抓住商机，开始发行各种复刻版运动鞋。"Air Jordan 3"是廷克·哈特菲尔德设计的第一款 Air Jordan 运动鞋，并于 1994 年再次发布。随后许多其他的"复刻版"相继面世，很快其他公司也开始重新发行自己的签名款，以满足那些需求迫切的消费者，他们会在运动鞋店外排起长长的队伍，有人甚至会在店外露营，确保自己能买到新发行的鞋子。他们买鞋并非单纯是为了穿，而是瞄准通常利润丰厚的转售市场。运动鞋品牌力求为消费者提供"零售体验"，像伦敦耐克城（Niketown）等运动鞋商店成为消费者频频光顾的地方。纽约的 Kith 和巴黎的柯莱特（Colette）等更私密的精品店也成为高端鞋类消费者的目的地，它们以高昂的价格销售独家限量版运动鞋。那些想要独一无二的鞋子的人也在寻求定制。耐克在 1999 年推出了 NIKEiD 定制，允许购买者追求个性化，但对于那些追求真正独家运动鞋的人来说，像梅萨边（Methamphibian）、埃里克·黑兹（Eric Haze）、Sekure D 和马谢（Mache）等享誉全球的艺术家，都把运动鞋变成了可穿戴的艺术。

2009 年，说唱歌手坎耶·韦斯特与奢侈品时装公司路易威登（Louis Vuitton）合作推出的许多运动鞋很快销售一空，但是为他赢得设计师信誉的是对另外两款产品的大规模炒作，一款是 2009 年与耐克的马克·史密斯（Mark Smith）合作推出的"耐克 Air Yeezy 1"，另一款是 2012 年他们合作

美国设计师杰里米·斯科特以打破界限著称。2013年他与阿迪达斯合作推出的图腾系列
（Totem Collection），被批评为文化挪用，引起了广泛争议。图腾系列运动鞋，美国，2013年

自 2004 年以来，成千上万的人去休斯敦参加一年一度的休斯敦运动鞋峰会（H-Town Sneaker Summit），购买、交易和欣赏各种罕见的运动鞋。休斯敦运动鞋峰会是美国规模最大的运动鞋大会。《丰田中心的人群》，美国，2011 年 1 月 23 日

推出的"耐克 Air Yeezy 2"。传言称，一双建议零售价为 50 美元的 Yeezy 2 在易贝网以 9.03 万美元的价格出售，耐克和坎耶·韦斯特的国际知名度也不断上升。不管真假，就像 1984 年迈克尔·乔丹因为穿"Air Jordan 1"被罚款一样，就是花钱也买不到比这更好的宣传效果。非常成功的说唱歌手蜕变成穿着高级时装套装和高端运动鞋的商人后，传统和新式服装与男性成功之间的联系便得到了验证。

时尚与运动鞋之间的联系仍然与篮球联系在一起，尤其是在耐克与科比·布莱恩特（Kobe Bryant）和勒布朗·詹姆斯（LeBron James）达成合作之后。这两位球员都以时尚品位著称，特别是詹姆斯，他本身就已经是时尚达人。他是第一个登上美国《时尚》杂志封面的非裔美国人，他的着装搭配常常不

　　并非所有的独家产品都是由大品牌推出的：一些最稀有的运动鞋是由马谢等艺术家定制的。马谢的作品为他赢得了国际声誉，也为他赢得了一份名人客户名单。"空军 25 号"（Air Force XXV）马谢定制鞋，美国，2012 年

是运动鞋，因此成为媒体关注的焦点。他在布洛克鞋和运动鞋之间随意转换，这表明更大的社会趋势是关注男装。男性时尚及生活方式杂志《绅士季刊》上的一段文字可兹证明：

> 这位两届美国职业篮球联赛最有价值球员（MVP）和奥运会金牌得主现身伦敦，宣传他的新耐克系列，包括他脚上穿的"勒布朗9"（LeBron 9）系列。不过，除了在迈阿密热火队的精彩表现外，詹姆斯的场外风格也越来越受关注，无论是穿着定制的队服参加比赛，还是作为前排嘉宾参加纽约时装周。[75]

和说唱明星杰伊·Z和坎耶·韦斯特一样，勒布朗·詹姆斯在改变男性成功形象以及通过购买和穿上心仪的运动鞋表达这种形象方面起到了重要作用。

著名的时装公司开始纷纷推出男性运动鞋，其中巴黎历史最悠久的高级时装品牌朗万（Lanvin）推出的时间是 2005 年，伊夫·圣洛朗推出的时间是 2008 年，而它已经退休的创始人也恰恰在这一年去世。到 21 世纪 10 年代，高级时装设计师与运动鞋制造商的合作日益普遍。侯赛因·卡拉扬（Hussein Chalayan）、亚历山大·麦昆（Alexander McQueen）和三原康裕（Mihara Yasuhiro）都为彪马进行设计。拉夫·西蒙斯（Raf Simons）塑造"截然不同的男性形象"[76]的兴趣得到了阿迪达斯的发掘，里卡多·蒂西（Riccardo Tisci）为耐克设计，马克·雅可布为范斯设计，而米索尼（Missoni）则与匡威合作。

运动鞋文化发生了一种极其有趣的变化，这就是高端女鞋设计师开始进军男性运动鞋市场。2011 年，克里斯蒂安·鲁布托开设了他的第一家男装精品店，出售运动鞋。在接受《女装日报》采访时，鲁布托说："有一个男性群体，他们的思维方式有点像女性……他们把鞋子当作物品，当作收藏品。"[77]的确，在运动鞋的引导下，男性不断消费，通过时尚表达个性，对时尚潮流

　　美国职业篮球联赛超级巨星勒布朗·詹姆斯在球场内外都是时尚达人，他将时尚和运动鞋与不断变化的男性成功形象联系在一起。图中的这双运动鞋极其罕见，图形设计大胆，看起来像卡通一样，其灵感来源于动画片《恶搞之家》中勒布朗最喜欢的卡通角色斯特威（Stewie）。这款鞋从未投入生产，只制造了24双，只能通过"亲朋好友"的推广才能买到。"特威·格里芬·勒布朗6代"（Stewie Griffin LeBron VI），美国，2009年

高度敏感，愿意穿独特的运动鞋，展示自己与众不同。摒弃对时尚和衣着漠不关心的态度，可能会使男性在选择和表达个性方面获得自由，但是也会在许多方面带来沉重的负担。

运动鞋在时尚中主要是针对男性，因此也主要是由男性使用。在某种程度上，女性的参与受到限制，是因为人们梦寐以求的运动鞋大多数都不是按女性尺码设计的。极具讽刺意味的是，西格妮·韦弗（Sigourney Weaver）在科幻电影《异形》（1986）中穿的异形战靴（Alien Stomper）居然是锐步仅以男士尺码重新发行的。伦敦广告公司高管埃米利·里斯（Emilie Riis）和埃米利·霍奇森（Emily Hodgson）曾于2013年创建了紫色独角兽星球（Purple Unicorn Planet）网站，恳请耐克生产一些小码运动鞋。时至今日，她们这些失望的运动鞋迷终于发现情况有了改观。Air Jordan是为数不多能提供各种尺码鞋子的品牌之一。许多经典运动鞋，如阿迪达斯的斯坦·史密斯（Stan Smith）和超级明星运动鞋，都有多种尺码的男女款式。然而，正如里斯和霍奇森所指出，女性运动鞋的款式和颜色往往无法吸引运动鞋迷。有些女性来自"世界各地，她们在寻找一双完美的鞋子，但不是那种粉色、紫色或香蕉黄色的运动鞋"，[78] 而且女性对运动鞋文化的兴趣，往往转移到参考运动鞋制造但并非运动鞋的鞋子上。诺玛·卡玛丽（Norma Kamali）在20世纪80年代和唐娜·卡兰（Donna Karan）在20世纪90年代分别推出的高跟鞋，以及伊莎贝尔·马兰（Isabel Marant）在2013年设计的楔形运动鞋（wedge sneaker），都是源自19世纪不断变化的系列中的一部分，该系列允许女性去尝试这种运动鞋游戏，但最终拒绝她们加入其中。卡尔·拉格费尔德（Karl Lagerfeld）在2015年香奈儿春夏时装秀上推出了自己设计的平底运动鞋。高跟鞋一直是女性最普遍的特征之一，其重要性不言而喻，而卡尔的平底运动鞋却对这种重要

（右图）这双鞋子的金色鞋面用料为小马皮，带有刺眼的饰钉，是由克里斯蒂安·鲁布托设计的。跟他设计的女鞋一样，他设计的男鞋也是红色鞋底。套脚运动鞋（Roller-Boat），法国，2012年

性发起了挑战，这也许意味着运动鞋正在成为女性时尚的主要元素。

最近出现了一种有趣的变化，男性开始热衷于专门为女性设计的运动鞋。思琳（Céline）的2014年系列推出了一款很多男性都想穿的运动鞋，但是这款运动鞋只有女款尺码。彪马推出的蕾哈娜（Rihanna）系列包括"彪马爬行者"（Puma Creeper），这款鞋最初仅仅面向女性发行，但是由于许多男性也产生了浓厚的兴趣，于是又推出了男款尺码。1996年，杰出的篮球运动员谢乐尔·斯沃普斯（Sheryl Swoopes）成为第一个拥有自己签名鞋的女运动员，再次引发男性对女鞋的兴趣。运动鞋最终纳入女性服饰的一个更明显的迹象是，男性色情书刊中出现了越来越多穿运动鞋的女性。在男性色情书刊中出现的时尚，往往具有更持久的影响力。

运动鞋在男女时尚中的美化并非没遇到诋毁者。贬义词"跟风炒作者"（hypebeast）被用来贬低一个极具品牌意识的人，同时也含有种族色彩，因为许多"跟风炒作者"指的是亚洲人。香港居民马柏荣（Kevin Ma）在2005年创建博客Hypebeast时就接纳了这个词，今天他的博客是涉及"被炒作的"运动鞋和品牌的最权威声音之一。2014年，针对有些人对品牌的痴迷，出现了一股短暂的"简约穿搭风"，这种趋向"毫无个性"的反时尚潮流的灵感来自平淡和朴素。正是作为这种低调趋势的一部分，维斯维木（Visvim）和共同项目（Common Projects）等奢侈品牌因制作简洁雅致的运动鞋而声名鹊起，备受追捧。匡威的杰克·普塞尔（Jack Purcell）系列和阿迪达斯的斯坦·史密斯系列等许多反炒作经典运动鞋，都作为"简约穿搭风"的一部分得以复兴。斯坦·史密斯是20世纪70年代末和80年代一款很受欢迎的网球鞋。它的第一个版本是1964年为纪念伟大的法国网球运动员罗伯特·海利特（Robert Haillet）而制作的。

为了符合网球服的全白色规则，这些运动鞋上的装饰仅限于海利特的签名和鞋跟处的一个绿色小毛毡标签。经典的阿迪达斯三条杠采用了穿孔设计，增强了空气流通。1971年，阿迪达斯邀请网球传奇斯坦·史密斯代言一款海利特网球鞋。在这款运动鞋的发展过程中，它曾在短期内同时拥有两个代言人：

　　直到最近，最令人向往的运动鞋都是由男性专门为男性设计的。超级音乐巨星蕾哈娜设计的"彪马爬行者"表明，以男性为中心的运动鞋文化格局可能正在发生变化。最初这是一款女鞋，但是人们都想购买，因此又推出了男款尺码。设计有很厚的传统"橡胶底鞋"松糕鞋底和经典彪马鞋面。德国，2015 年

鞋面有海利特的签名，鞋舌有史密斯的肖像和签名。1978 年海利特退出网坛，他的签名也从鞋子上消失了。到 20 世纪 80 年代，这款运动鞋就只剩下史密斯的肖像和签名，后来终成经典。阿迪达斯在 2014 年将其重新推出，大获成功。在重新推出的前几年，为了激发人们的购买欲，阿迪达斯还曾经将其下架。《鞋类新闻》将斯坦·史密斯评为 2014 年"年度最佳鞋"，《卫报》则称 21 世纪 10 年代（这个年代和之后的年代仍然没有正式的名称，不是吗？）的斯坦·史密斯，很可能就像 21 世纪头十年风靡一时的紧身牛仔裤。[79]《商业内幕》甚至指出，斯坦·史密斯曾被誉为 2015 年全球最重要的运动鞋[80]。的确，全世界都在穿这款运动鞋。

运动鞋在全球的重要性，以及随之由嘻哈引发的时尚，再一次引起人们对剥削和排斥问题的讨论。有些人预见到了跨越种族分裂、实现团结的可能性。1998 年，早期嘻哈推广人和拉什传媒（Rush Communications）董事长兼首席执行官拉塞尔·西蒙斯（Russell Simmons）接受 JET 杂志采访时说："嘻哈不仅仅指音乐。它已经成为世人的一种生活方式和 / 或文化。嘻哈是一种态

这双维斯维木运动鞋的设计者是中村世纪（Hiroki Nakamura），他将自己对世界各地传统鞋履的兴趣与日本的侘寂（wabi-sabi）美学结合在了一起。侘寂美学强调真实性和残缺美。Fun Boy Three 乐队系列 Elston 版（FBT Elston），日本，2010 年

度，嘻哈是一种语言，底特律的孩子借助这种语言可以与香港的孩子交流。"[81]
全世界对包括运动鞋在内的嘻哈时尚的接纳，被有些人视为文化挪用。其实，
尽管许多公司仍然主要依靠非裔美国消费者塑造品牌可靠性，但是该行业的
设计创新部门几乎没有什么差别。

人们对行业工资以及劳工条件的担忧，尤其是对印尼、越南和中国的担忧，
也一直困扰着运动鞋制造公司。海外工人的廉价薪酬，与代言人、公司高管
甚至股东收益之间存在巨大差距，这让许多人感到费解。这些海外员工的工
作条件也令许多消费者感到震惊，这说明人们对生产一直感到担忧，而且这
种担忧可以追溯到 20 世纪初种植橡胶的残酷条件。[82] 在 21 世纪初，网上关
于何处购买"无血汗工厂"运动鞋的网站和文章，为消费者提供了品牌及其
劳工行为的信息，鼓励人们多思考之后再消费。

除了对亚洲运动鞋生产过程和劳工问题的认识有所增强之外，许多美国
人还为 20 世纪末将运动鞋生产转移到国外感到沮丧，因为这使美国制造业失
去了一些就业机会（只有新百伦除外，其运动鞋生产大部分留在了马萨诸塞
州）。在全球范围内，运动鞋生产过程中机器人的使用日渐增多，这表明人
们正进入后劳工经济。1983 年，幽默作家阿特·布赫瓦尔德（Art Buchwald）
写了一篇具有先见之明的文章，讲述一位运动鞋制造商厌倦了与人打交道的
种种麻烦，于是高兴地解雇了所有工人，转而使用机器人，他还说道："我
甚至都不用操心让机器喝咖啡休息了。不需要社会保障，不需要医疗保险，
也不需要养老金。"这位制造商提到，他生产的运动鞋太多了，结果出现了
过剩，但是他不清楚为什么到处都是运动鞋。布赫瓦尔德认为："也许是因为
机器人不穿运动鞋……这个国家的成功是基于这样一个事实，即生产产品的
人有能力购买这些商品。你用机器人代替了工人，节省了薪水积攒了财富，
但是现在你的运动鞋却堆积如山。"[83] 在布赫瓦尔德发表这篇文章的三十三
年后，阿迪达斯于 2016 年宣布将重新在德国生产运动鞋，但是这次使用的是
机器人，而不是人力。于是，有些人马上开始担心将会被机器人代替的大约
100 万中国工人。[84] 阿迪达斯声称这一变化是因为中国劳动力成本有所增加，

20世纪90年代，运动鞋和可持续性开始成为环保主义者、消费者和运动鞋公司关注的问题，耐克公司的"运动鞋回收"（Reuse-a-Shoe）计划旨在将回收的运动鞋加工成地板和垫子。美国，1996年

而且据悉耐克也在准备转向机器人制造模式。

　　环境问题对当代运动鞋的生产也有影响。一家服装回收公司报告称，每年生产的跑鞋估计为200亿双，被扔掉的有3亿双。[85] 2013年麻省理工学院的研究人员报告称，据他们研究，一只鞋子在其生命周期内能产生30磅（13.5千克）的碳排放。鞋子用26种不同的材料制成，需要360个不同的步骤来制造和组装。其中许多制鞋厂采用小型机器生产鞋子，都是以煤作为动力。这项研究报告的作者之一埃尔莎·奥利维蒂（Elsa Olivetti）说："是许多小环节——是制造，是生产——是切割部件、注塑橡胶以及缝制等造成的这个问题。"[86]

　　环保主义者还担心在运动鞋生产和消费过程中使用有毒物质和产生废物。20世纪90年代中期的闪光运动鞋热潮席卷儿童市场，这种运动鞋被丢弃后，造成水银泄漏，污染了大自然。拉盖尔（LA Gear）公司同意向明尼苏达州支

　　2015 年，阿迪达斯与旨在帮助人们更好地认识世界海洋现状的海洋谈判组织合作，与设计师
亚历山大·泰勒（Alexander Taylor）一起利用海洋塑料废弃物制作运动鞋。最终制成的原型是利用
从非洲西部海岸收集的非法深海刺网的细丝。德国，2015 年

付 7 万美元，帮助回收运动鞋。据称，每双运动鞋中的水银含量与 2200 条严重污染的白斑狗鱼体内的水银相当。[87] 许多运动鞋公司都试图解决这些问题。耐克的飞线技术结构在一定程度上是为了减少材料的浪费，因为"一体式鞋面并没有使用传统运动鞋制造中使用的多种材料和材料裁剪"。[88] 阿迪达斯与海洋谈判组织（Parley for the Oceans）合作，把回收的非法刺网等海洋污染塑料制成纤维，用来制造跑鞋原型。

运动鞋引领潮流，也许是通过不断增多的定制服务实现的。这一潮流预示着后工业时代的未来，工业化前的鞋子定制服务重新兴起，开始按照客户的要求和提供的规格生产鞋子。3D 打印、飞线技术和色彩定制即将为客户提供最独特款式的定制鞋。

自从橡胶首次在西方引起广泛关注以来，人们对新东西的渴望激发了运动鞋的创新，这也一直是运动鞋消费的驱动力。与 19 世纪一样，人们热衷于彰显个人特权也同样继续影响着运动鞋文化。运动鞋作为一种时尚消费，产量日益增加，男装尤其如此，这反映了深刻的社会变化，但是运动鞋与体育运动之间的密切联系也很重要。这种对由运动鞋驱动的男装表达的兴趣，已经鼓励男性用全新的方式参与到时尚体系中去。对都市男性时尚的广泛兴趣使个性得到了更多的体现，而且也挑战或者重新诠释了传统的男性观念，尤其是关于当今男性成功的观念。个人与运动鞋品牌之间日益复杂的联系正在拓展款式的表达形式，使运动鞋成为当前在文化层面最重要的鞋类形式之一。

结 论

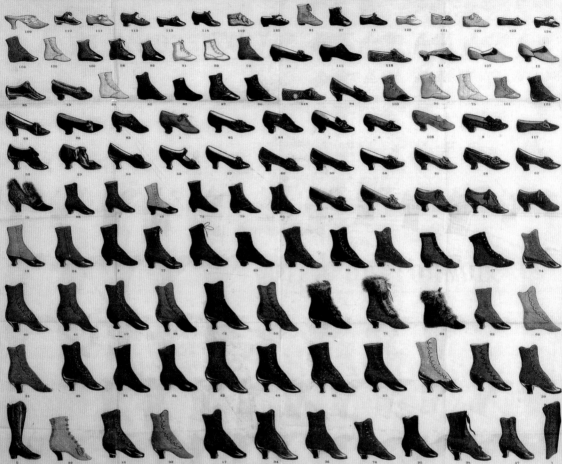

人类大家庭在不断发展壮大，他们需求各异，财富增损，品位变更，卖弄风情，反复无常，世界工业因之忙个不停。

——《天然橡胶的硫化》，选自《机械杂志》（*Mechanics Magazine*），1856 年

面对现实吧，无论衣柜里有多少漂亮的运动鞋，我们一次也只能穿一双炫耀一下罢了。但是现在这一"问题"有了解决方案……那些微型橡胶运动鞋钥匙挂坠，完全适合天天拿着弯来弯去……当然，肯定比不上真正的运动鞋。但是，这种方式仍然可以证明你是执着的运动鞋迷，不仅很有趣，而且能够负担得起。

——拉贾·阿勒里（Rajah Allery），《这些钥匙扣可以帮你实现运动鞋梦》，2015 年 6 月 29 日

20 世纪末期，许多人把对鞋子的兴趣视为近乎生理需求的女性魅力表达。正如一位记者所说："女性不需要任何解释。她们认为鞋子是一种女性本性的力量，是系带皮革凉鞋女妖唱的一首歌，是一种令人陶醉的、无法抗拒的魔力，如同海上的空气对于水手。"[1]这种现象不仅仅限于女性；许多男性也越来越痴迷鞋子，尤其是运动鞋。的确，到 21 世纪初，鞋子已经成为一种文化焦点，能够传达重要的社会意义。夹趾凉鞋象征着夏日假期和休闲时刻；靴子暗示着不折不扣的辛勤劳动或令人不安的主宰。高跟鞋是表达女性气质的代名词，高跟鞋图片放在公共厕所门上可以让人们清晰地分辨出是"女厕"，放到网络报纸上可以让读者明白是"女性专区"，而运动鞋则代表着体育运

（左图）到 19 世纪末，工业化给许多人带来了各种款式的鞋子，图中的女鞋和童鞋便可见一斑。卢浮宫百货公司，1875—1890 年

这双 18 世纪的鞋子保存在一块大丝锦缎中，很可能是用做衣服的剩余布料制成的。鞋匠巧妙地安排锦缎图案，营造出一种漂亮的非对称平衡效果。英国，1730—1750 年

动和城市文化。此外，从伯拉尼克到勃肯等特定品牌，都是服装表达中清晰可见的重点，这些品牌反过来又成为消费者构建自己"个人品牌"的一部分。通过这种方式，一条漂亮的高跟鞋状项链也许可以彰显女性的性感气质，而你所穿的高跟鞋品牌也许可以表明你的社会经济地位。种类繁多的鞋子以及相关商品所蕴含的多重意义，是只有通过工业化才得以实现的。

尽管很久以来就有制鞋商投机生产大众用鞋，销售也没有保障（18 世纪成品鞋的销量曾经大幅增加），但是在 19 世纪初，大多数鞋子依然是按照消费者个人提供的规格进行定制。[2] 定制鞋子需要顾客参与，包括讨论鞋子款式及用料，用料通常由客户直接提供。制造商和消费者之间的关系，实际上是一种合作关系，最终的产品是制造商与消费者合作的独特反映。

从诸多方面来看，传统的鞋匠铺就是一个微型制造企业。制鞋任务需要店铺员工分工合作：纺织面料鞋帮可能由鞋匠妻子缝制，钳帮可能由熟练工人完成，把鞋底缝制到中底则由店铺老板负责。在欧洲，鞋匠在传统上是行

业协会体系的一部分，因此他们在有保护主义和监督的环境中工作了数个世纪，这种保护和监督的目的是谋求制鞋业的最大利益，同时也为鞋匠提供帮助并加以约束。与当今的快速时尚概念相比，他们的生产水平很低；熟练的鞋匠大约每天能制作两双或一双靴。通常而言，只要有鞋子需求，制鞋工人就有活干，虽不能带来巨额财富，却拥有稳定的收入和令人尊敬的社会地位。直到18世纪中叶，一些制鞋工人才开始采用一种全新的流水线工艺，每个车间的每个工人专门负责制鞋的一个环节。随着生产能力的提高，大量的鞋子不再为特定客户定制，但是大多数鞋子也不是为当地市场投机制造。许多鞋匠开始专门为中间商制鞋，这些人被称为批发商，他们提供制鞋的材料，然后再将鞋子卖给通常位于市中心的零售商。对质量控制的关注和为限制浪费所做的努力，为一部分中间商铺平了道路，他们可以更好地控制生产资料，

这幅版画画的是一个忙碌的鞋铺。做好的鞋子和靴子陈列在橱窗上吸引顾客。德国，1845年

La laborieuse Cordonnière
(Paris)

在 19 世纪，随着一些制鞋商扩大生产，鞋帮的缝纫和装饰则交给了在家中做计件工作的独立女裁缝。查尔斯·菲利蓬（Charles Philippon），《鞋匠》（*La Laborieuse Cordonnière*），约 19 世纪 30 年代

到 19 世纪他们很多人都摇身一变成了制鞋商。在欧洲和即将成为美国的殖民地发生的战争，促使人们进行创新，进一步分工，力求削减成本，节省时间。

在 19 世纪初，皮革裁剪得到认真监管，将损失降到了最低，鞋面部件的缝合承包给了在家工作的妇女。完成的鞋面连同初步裁剪的鞋底一起送交鞋匠，由他来钳帮，安装鞋底。制造技术的革新，进一步加快了这道工序。人们设计出了栓钉机，用木钉把鞋底"钉"在鞋子上，这样就不用鞋匠缝上鞋底了。1844 年发明的鞋底切割机规范了鞋底的大小和形状，1855 年发明的滚压机，用强力滚轮把鞋底皮革的纤维压扁，制鞋工人从此也不再需要捣皮革。詹姆斯·麦迪逊·埃德蒙兹（James Madison Edmunds）在 1865 年为政府杂志

（右图）正当制鞋业因工业化发生变革时，上流社会的女性开始为丈夫制作精致的刺绣鞋面，用于制作拖鞋。这双柏林工作拖鞋的鞋底钉子钉得极其精美，这应该是出自专业鞋匠之手。英国，约 19 世纪 60 年代

撰写的有关美国制造业的文章中说道："有一项最重要的发明，有效地补充了其他各种制鞋机器的功能，并赋予了它们实用价值，这就是缝纫机。"[3] 他继续说道：

> 缝纫机的使用，开启了制鞋业的新时代。否则，部分使用机械加工靴底和鞋底几乎没有经济效益，因为缝制和缝合鞋面的成本并不会相应地减少，相比较而言这笔支出更大。尽管缝纫机最近才引入制鞋业，但是它的使用，加上原来的鞋底裁割机和其他设备，正一步步给靴鞋制造业带来一场无声的革命，日益呈现出工厂体系的特征，生产在几层楼的大型厂房进行，每层楼都专门负责制鞋的一个环节，除了辅以蒸汽动力，还充分利用制鞋业已有的所有可节省劳力的装置。可以肯定地预言，这种变革将持续下去，直到鞋匠的"小车间""工作台""工具箱"成为过去，正如"棉毛梳"和大大小小的"纺车"已经从服装制造业的其他部门消失了一样。[4]

埃德蒙兹拥护的工业化，已经让制鞋工人感到沮丧，他们害怕机械化，担心以后工资会减少。这种担忧，外加经济萧条，终于在1860年达到顶点，美国马萨诸塞州林恩市（Lynn）机械师协会的3000名制鞋会员，发起了美国内战前最大的一次罢工。霍华德·辛恩（Howard Zinn）报道说：

> 1857年的经济危机使制鞋业停滞不前，林恩市的工人纷纷失业……制造商拒绝会见他们选出的委员会，工人便在华盛顿诞辰日发动罢工。那天上午，3000名鞋匠在林恩市的莱西姆大厅（Lyceum Hall）聚集……一周内，新英格兰地区的所有鞋城都开始罢工，25个城镇的机械师协会和两万名制鞋工人参与其中。[5]

尽管出现了这些劳动中断，但是鞋子生产的工业化仍然方兴未艾。1861

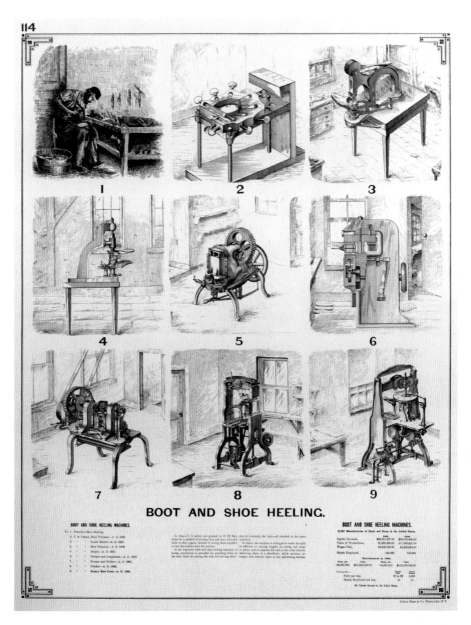

随着不断发明的机器取代熟练工人，工业化也使鞋履生产发生了变革。《加装靴跟和鞋跟》，
1885 年

制鞋工业化使产量大幅提升，有人预测将来遍地都是鞋子，几乎难以置信，图中的商业卡片展示的就是这种情景。美国，约19世纪70年代

年美国内战爆发，推动了机械化发展，制鞋业的各个方面也逐步实现了机械化。沿条结构是制造高质量鞋子中最复杂的工艺之一，1869年固特异贴边机的发明使这种技术得以大规模实施。[6] 人们认为制鞋业中不受机械化影响的一个方面是钳帮，即把鞋帮放到鞋楦上，然后把鞋底缝到鞋帮上。然而，钳帮也实现了工业化。1883年，从荷属圭亚那移民到美国的扬·埃内斯特·马策利格（Jan Ernst Matzeliger）获得了一项机器专利。借助他发明的这种机器，操作员每天可以为300—700双鞋做钳帮，而手工只能钳帮50双。手工钳帮匠抱怨说，马策利格的发明听起来好像是在嘲笑他们，仿佛在唱"我得到了你们的工作，我得到了你们的工作"。[7] 到19世纪末，埃德蒙兹的预言成为现实。在整个北美洲，定制鞋子的制鞋商全部消失；在美国和欧洲的许多地方，靠薪水赚钱的鞋厂工人已经取代了他们的位置，产量也大幅增加。

工业化的发展，催生了大众传媒广告和品牌推广。由于顾客与自己的制鞋商失去了联系，吸引顾客眼球的竞争也日趋激烈，所以广告和品牌识别也越来越重要。鞋匠从18世纪便开始在鞋子上贴标签，标明制造者姓名，但是现在制鞋商却试图通过广泛的营销进行自我推广。工业交易会或展览会成为一种引人注目的重要方式。1851年在伦敦举行的万国博览会，是迄今为止规模最大、最具国际化的工业展览会，充分展示了全球的工业潜力。T. S.泰勒（T. S. Taylor）在讲述这场盛会所带来的影响时说："毫无疑问，这场博览会给全世界的商业和工业艺术带来了极大的推动力。"[8]

在工业交易会获奖，会对生产商产生持久的影响。比如，弗朗索瓦·皮内的手工缝制鞋，带有1867年巴黎万国博览会的标记，标明公司获了奖，这个标记一直使用到20世纪初，有助于顾客区分该公司更精致的产品和低价机制鞋。这些交易会也让制造商看清了进入全球市场的潜力，因为随着工业化的迅猛发展，产能开始超过国内市场的需求。欧洲和美国的制鞋商并未意识

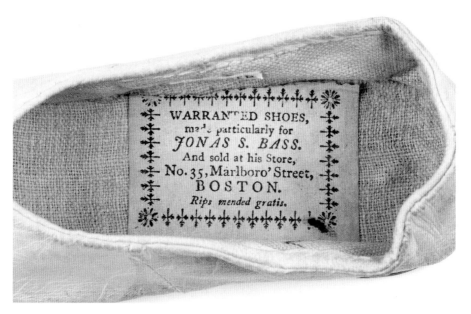

这只鞋子来自18世纪末期，标签上标的制造者是乔纳斯·S.巴斯（Jonas S. Bass）。这款鞋可能是定制的，更有可能是用来投机销售的。美国，18世纪90年代

到全球化最终会导致自己倒闭，他们只是看到了国外市场存在机遇。在 1893 年的报道中，《鞋与皮革记者》评论说：

> 如果全世界穿鞋子的人数达到我们穿鞋子人数的一半……消费量将会比现在大幅提升。出口商自然会倾向于把所有诱惑都抛给国外消费者，他们的才智能够想到这种方式，并通过这种方式提高产品的销量……所有商品都是以这种方式扩大市场的，而且鞋子这种东西，人们穿过一次就会难以割舍。[9]

虽然拓展国外市场的梦想给了制造商希望，但是随着生产水平不断创新高，国内争夺顾客的竞争也日趋激烈。国内市场鞋子的供应量不断增加，鼓励制造商，或者更准确地说，要求制造商将自己和竞争对手的产品区分开来。结果，品牌推广已经必不可少，销售成了一门艺术。跟早期一样，批发商仍然是把鞋子卖给零售商的关键一环，但是零售店销售人员也特别重要。这些销售人员，尤其是新成立的百货商店销售人员，对销售至关重要。在这些商店，多家制造商生产的各种商品都摆在一起销售。除了推销自己所负责的主要品牌，他们还负责为顾客提供帮助，提出鞋子是否合适的建议，就销售的众多品牌和款式提供指导。许多消费者都需要帮助。大规模生产意味着鞋子的个性化降低，穿上不一定合适，销售人员需要提供近乎医疗方面的建议，需要考虑到所有顾客的足病。大规模生产也混淆了以往在鞋履时尚方面富人和穷人的明确界限。产品的连贯性和机器刺绣的使用，加上流苏、蝴蝶结和闪亮纽扣等装饰，为价格较低的鞋子增添了恰到好处的魅力。随着越来越多的人寻求购买时尚成品鞋，社会经济差异通过品牌选择得以体现，品牌意识通过一系列举措得以提高。带插图的广告开始出现在报纸和期刊上，印有鞋子图片的商业名片也成为流行的赠品，就像纽扣钩和鞋拔等功能性小物件一样。

然而，以鞋子为主题的礼物制作并不仅限于制鞋商。随着 19 世纪的推移，受鞋子启发的收藏品日益流行，这也反映出鞋子的文化重要性与日俱增。印

这则皮内出品的鞋子广告着重强调两种鞋子的不同之处。法国，19世纪末

有女鞋插图的贺卡很受欢迎。豪德诺索尼（Haudenosaunee，即易洛魁六邦）女裁缝制作的靴状"稀奇玩意儿"在尼亚加拉大瀑布等旅游景点销售，非常抢手，同样红火的还有陶瓷或玻璃女性高跟鞋小雕塑，这些雕塑因19世纪中叶发明了压制玻璃，所以制作成本很低。银色或青灰色的高跟鞋形针垫也是常见的礼物。

人们也越来越多地收集真正的鞋子。诗人歌德（Johann Wolfgang von Goethe）曾经向他的情妇索要一双拖鞋，想进一步拉近关系。同样，在19世纪50年代，奥地利皇后伊丽莎白穿过的一双靴子，作为"温馨的礼物"赠送给了上校路易斯·德·施韦格尔（Louis de Schweiger）。施韦格尔是无数被她的魅力所征服的男人之一。[10]名人穿过的鞋子也保存了下来，但是原因并

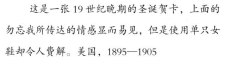

这是一张 19 世纪晚期的圣诞贺卡，上面的勿忘我所传达的情感显而易见，但是使用单只女鞋却令人费解。美国，1895—1905

这种"稀奇玩意儿"是由易洛魁六邦妇女制作的，在尼亚加拉瀑布等旅游景点出售。其中，最受欢迎的一款看起来像时尚女靴。豪德诺索尼，19 世纪末

非出于那种亲密关系。1904 年，一篇关于各种收藏品的文章讨论了鞋子，其中包括维多利亚女王（Queen Victoria）等名人穿过的鞋子，还提到一双据说是蓬巴杜夫人（Madame de Pompadour）穿过的拖鞋。[11] 过去，人们周游世界时也会收集鞋子。鞋子早就开始被视作文化差异的证据。《沃尔姆博物馆》（1654）一书讲的是奥勒·沃尔姆（Ole Worm）的珍宝柜，卷首画描绘了墙上挂的一双中亚产的高跟靴。汉斯·斯隆（Hans Sloane）爵士在 18 世纪中叶收集了来自世界各地的鞋子，这些鞋子都存放在大英博物馆内。20 世纪，北安普敦博物馆和美术馆（Northampton Museum and Art Gallery）成立了北安普敦鞋履博物馆，继续对鞋子进行收藏和研究。后来，致力于此项工作的还包括法国国际鞋履博物馆（Musée International de la Chaussure）、荷兰的荷兰皮革与鞋履博物馆（Nederlands Leder en Schoenenmuseum）、德国德意志

　　19世纪下半叶，百货商店如雨后春笋般涌现，时尚鞋履成为人们去这些消费殿堂消费的目标。大规模的生产使女性能够以多种价格购买到佩谢莱（L. P. Perchellet）靴等各种时尚鞋履。法国，1875 年

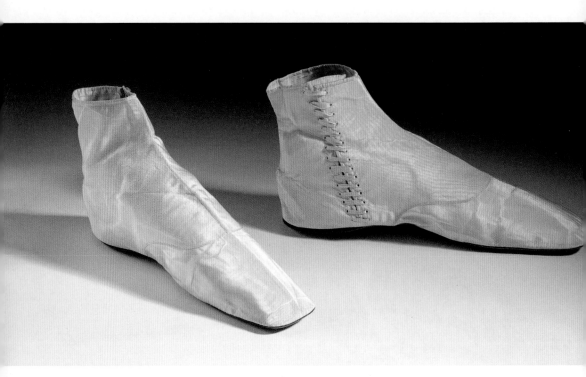

这双窄靴是奥地利伊丽莎白皇后穿过的，赠送给了奥地利路易斯·施韦格尔上校。奥地利，
19世纪50年代

皮革博物馆（Deutsches Ledermuseum）、意大利萨尔瓦多·菲拉格慕博物馆
（Museo Salvatore Ferragamo）以及加拿大的巴塔鞋履博物馆（Bata Shoe
Museum）。19世纪随着旅游业的发展，越来越多的人带着异国他乡的鞋子回
国，这些纪念品中最能唤起人们记忆的是中国人缠足穿的小鞋，不过许多都
是为满足游客的需求特意制作的。

　　显而易见，到20世纪初鞋子及类似的收藏品已经能够传达各种社会信息，
涉及个人、文化、社群等方面。人们对鞋类的兴趣日益浓厚，再加上手工制
鞋工艺的消亡，使得精美的鞋类成为收藏品，同时鞋匠也成了艺术家。《时尚》
在1920年这样写道：

　　当没有灵魂的机器取代了工匠，当制成品开始跟任何其他平庸的商品一样做广告宣传时，制鞋业便变成了商业活动，鞋匠也从有哲学头脑的巧匠退化成了打卡上班的工人。[12]

　　19 世纪末，弗朗索瓦·皮内和赫尔斯滕父子公司（Hellstern & Sons）等制造商生产的高价鞋履满足了许多精英客户的需求，但是想拥有集天才和艺术家于一身的鞋匠所制造的豪华鞋履的梦想，却体现在意大利鞋匠彼得罗·扬托尔尼（Pietro Yantorny）的作品中。1908 年，他在巴黎的旺多姆广场（Place Vendôme）开了家店铺，在橱窗里挂上了"天下最贵鞋匠"的招牌。就像想穿时装设计师查尔斯·弗雷德里克·沃斯（Charles Frederick Worth）设计的衣服的人一样，想穿扬托尔尼设计的鞋子的人也不得不屈从于他的意愿。他反复无常，性情乖僻，只吃素食。多年后，一位客户的女儿回忆说，她和母

这双缠足穿的金莲只有 11.5 厘米长。这双鞋可能出自一位年轻的新娘之手，鞋上的符号象征着爱情和幸福。中国汉族，1875—1895 年

　　这款鞋是扬托尔尼为一位富裕的法国顾客定制的，时间是20世纪10年代末或20年代初。和扬托尔尼制作的所有鞋子一样，这双鞋也带有精心制作的鞋楦。法国，20世纪10年代末

亲一起去拜访扬托尔尼时，她不得不吃他用月光下播种收获的庄稼制作的粗制健康面包。[13]他非常苛刻，客户第一次预订需要支付1000美元的高额首付款，但是之后的要价多达5000美元。[14]扬托尔尼需要花数年时间才能完成订单，不告诉客户任何进展信息，因此只有最富有、最有耐心的女性才能拥有他制作的鞋子。《时尚》在1915年指出："俯瞰旺多姆广场的'空中制作间'，只见扬托尔尼正在埋头制鞋，根据价格判断，上面可能会镶满珍珠和钻石。他制作的鞋子高度专业化，人们说不清他到底喜欢哪一种形状或鞋跟。"[15]那些拥有他的鞋子的人都视若珍宝。美国著名社交名媛丽塔·德·阿科斯塔·莱迪格（Rita de Acosta Lydig）把自己委托制作的无数双鞋子都放在扬托尔尼特制的鞋箱里，"箱子和尺寸与存放的鞋子完全吻合"。[16]莱迪格的扬托尔尼鞋箱和鞋子现在都保存在大都会艺术博物馆。露西（Lucy），即达夫－戈登夫人（Lady Duff-Gordon），是著名的时装设计师，她以露西尔（Lucile）的名字进行设计。她写信告诉妹妹，虽然泰坦尼克号沉没时失去了一件珍贵的裘皮大衣，但是能穿着一双扬托尔尼制作的拖鞋上了救生艇，仍然感到很欣慰。[17]《时尚》杂志1920年刊登的一篇关于扬托尔尼的文章中也讲过一个类似的故事：1918年德国军队逼近时，迷人的埃尔西·德·沃尔夫（Elsie de Wolfe）在逃离贡比涅（Compiègne）时，选择带走了扬托尔尼制作的鞋子，因为她认为这是自己最宝贵的财富。[18]该杂志还报道了去拜访一位"极具艺术才华的优雅女士"的情况，她允许来访者参观她的鞋柜。"这是一个非常宽敞的壁橱，所有的架子和墙壁都用白缎子覆盖着。架上摆放着几百双漂亮的扬托尔尼鞋，鞋子一层层上下排列……都非常漂亮，都是艺术作品。"[19]其实，扬托尔尼本来就希望自己制作的鞋子有朝一日会收藏在博物馆里，比如一双用蜂鸟喉部羽毛制作的鞋目前就保存在法国国际鞋履博物馆。

很少有人买得起这种贵重的鞋子，但是许多人还是选择了与自己的阶层或社会抱负相符的知名鞋类品牌。这些品牌有些已经融入流行文化领域。1904年，漫画家理查德·F.奥科考特（Richard F. Outcault）塑造的著名连环漫画角色巴斯特·布朗（Buster Brown）、他的泰格（Tige）和他的妹妹玛丽·珍

科迪斯品牌创建于1916年，上图是
其早期的一则广告。美国，1919年

（Mary Jane），都被买走用来推销布朗童鞋。这种营销大获成功，这些漫画
角色成了美国的偶像，脚背带鞋也开始被称为"玛丽珍"，这个名称一直沿
用至今。其他公司，如科迪斯和匡威，分别在1916年和1917年，即"一战"
期间首次亮相，后来都成为经久不衰的美国品牌。

　　战后时期鞋子产量也有所增加，尤其是在美国，制造商大肆宣传女性衣
柜中需要多种类型鞋子的想法："制造商再次建议经销商推广不同场合穿不
同鞋子的观念。现在，他们制造的鞋子风格迥然不同，休闲鞋就肯定是步行鞋，
在任何其他场合穿都不合适。"[20] 鞋子不再隐藏在宽大的裙子下面，有望成
为重要的时尚配饰。制造商和鞋类零售商通过"美足比赛"等活动宣传穿鞋
得体的重要性，其中"最美穿鞋奖"得主除了获得暂时的名气，还会获赠新鞋。

报纸文章似乎与制鞋行业串通一气，提醒女性注意不要在错误的时间穿错鞋子，否则被人看到可能要付出代价。一位时尚作家警告说：

> 如果上午穿漆皮皮鞋，应该穿定制款，鞋跟是路易低跟或军靴低跟。下午 4 点以前，知名商人、时尚作家和精明的推销员都强调不要穿绸缎高跟鞋，否则会给人品位低下的印象；但是出于某种无法解释的原因，女性仍然在上午穿绸缎高跟拖鞋，而且可悲的是，还经常搭配剪裁严谨的套装。[21]

到 20 世纪 20 年代，人们期望穿着讲究的女性拥有各种鞋子，以满足当时各种活动的需要。闺房拖鞋、舞鞋、网球鞋、晚装鞋和休闲鞋——现在，所有这些鞋子都应该出现在高配置的衣柜中。而且，随着消费的增加，过度的炫耀行为也随之而来。根据设计，路易威登鞋箱能容纳 30 双鞋，这说明旅行者的鞋柜到底有多大；同样，越来越常见的是，初露头角的女演员在拍照时身边往往摆放着几十双鞋，这可都是她们鞋柜里的心肝宝贝。

战后，与制鞋商恰恰相反，鞋履设计师应运而生，逐渐被尊为创意天才。这些尊贵的创作者设计的鞋子会摆在豪华鞋店出售。1926 年，纽约时装供货商伊斯雷尔·米勒（Israel Miller）在第 46 街和百老汇街交界处就有这么一家极其豪华的鞋店，出售由安德烈·佩鲁贾等知名设计师设计的鞋子，《时尚》等高端时装刊物都对他们的精湛技艺进行了宣传。20 世纪 20 年代，佩鲁贾第一次与自封为艺术家的女装设计师保罗·波瓦雷（Paul Poiret）合作，进行鞋类设计，仿佛自己是雕塑家。不出所料，佩鲁贾后来又与时装设计师埃尔莎·斯基亚帕雷利合作，在接下来的十年里，斯基亚帕雷利通过超现实主义创作，模糊了时尚与艺术之间的界限，与艺术界紧密地联系在一起。其中，最著名的作品之一是她的红底鞋帽（shoe hat），这件作品具有先见之明，预见到了克里斯蒂安·鲁布托的作品。

尽管 20 世纪 20 年代许多女性衣柜里的鞋子数量不断增加，但制鞋商对

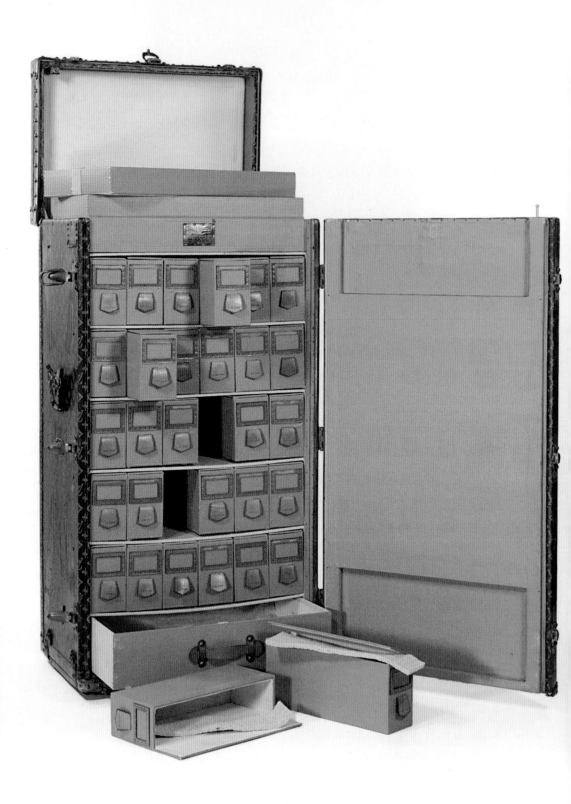

鞋子的销量并不满意，仍在想方设法激发男士买鞋的兴趣。为此，美国鞋类零售商协会（National Shoe Retailers Association）在 1927 年投票决定出资 400 万美元以"吸引男士购买鞋子"，但是以失败告终。[22]

在大萧条时期，制鞋业比其他行业发展得都要好。日益严重的财务危机实际上提高了鞋类在女性时尚中的重要性，因为穿一双引人注目的鞋子比任何其他配饰都更能改变一套服装。1934 年，克林顿·W. 贝内特（Clinton W. Bennett）在为美国国家成本会计协会（National Association of Cost Accountants）撰写的一篇关于制鞋业的文章中写道："在当前广泛宣传的大萧条时期，制鞋业至少在一个方面一直特别幸运，那就是业务量非常大。"[23] "尽管女鞋更新换代很快，但是即使在女性松糕鞋开始对男鞋设计产生某种影响之后，男鞋的销量仍然滞后。"《纽约时报》在 20 世纪 30 年代末报道称："对女性松糕鞋的兴趣，已经衍生出一种对厚底男鞋的兴趣，这种鞋的材质是皮革和绉胶，带有运动型鞋面。"[24] 的确，与过去十年相比，男鞋的种类更加多样化，双色雕花鞋与传统的商务布洛克和休闲运动鞋形成了互补，但是鼓励消费的努力对刺激销售收效甚微。对注重价格的消费者来说，最大的实惠也许是不断增加进口的外国鞋。美国制鞋商忧虑地指出，美国的机器和生产方法正在出口到其他国家，它们的劳动力成本微不足道，制造的鞋子出口到美国，销售价格之低是任何美国制造商无法企及的。这些廉价的进口鞋，尤其是运动鞋，从日本和捷克斯洛伐克源源不断地进入美国，对经济拮据的买家极具吸引力。它们对美国制鞋业的健康发展构成了真正威胁，终将导致美国制鞋业在 20 世纪末崩溃。

在"二战"期间，女性的鞋类消费对维持国内制鞋业的生存发展起到了关键作用。由于鞋子定量配给和消费者限制，耐用和实用的鞋子成为最常见的购买类型，但是零售商还是主张继续向女性顾客推销多种款式的鞋子。

（左图）在 20 世纪 20 年代，一个"穿着考究"的女性需要拥有从运动鞋到晚装高跟鞋等不同种类的鞋子。对于负担得起奢华休闲旅行的女性而言，要想给人一种时髦的印象，就必须装备一个精心配置的路易威登鞋箱，里面分格，可以放置 30 双鞋子。法国，20 世纪 20 年代

　　这双鞋可以追溯到20世纪20年代初，可以看出保罗·波瓦雷的审美对安德烈·佩鲁贾产生的影响。嵌在鞋面上的小山羊皮镀金玫瑰和用来固定丁字鞋带的玫瑰状金色小纽扣，都是波瓦雷的设计。法国，1923—1926年

1942 年 1 月 17 日的《鞋靴志》报道说：

> 下班时间有很多五颜六色、异国情调的款式可以穿……有些款式是高跟木屐鞋底，看起来富有异国情调，也很奢侈。我们建议你至少购买几双这些款式的鞋子。也许你觉得这些鞋子看起来很愚蠢，但你会惊讶地发现，很多女性，甚至那些所谓的非常理智的女性，也会时不时地喜欢上一款非常轻薄的鞋子。[25]

战争愈演愈烈，拥有足够的鞋子成为日益迫切的问题，但是正在欧洲发生的难以想象的恐怖暴行，戕害生灵，留下的鞋子堆积如山，让人们真正认识到正在发生的暴行多么令人发指。1944 年，比尔·劳伦斯（Bill Lawrence）为《纽约时报》撰稿，描述了仅在一个德国集中营死者留下的鞋子：

> 但是，我去过集中营的一所大约 150 英尺长的木制仓库，看到了成千上万只鞋子，地板上到处都是，就像半满谷仓里的粮食。在里面，我看到了只有 1 岁大的孩子穿的鞋子。有年轻人的鞋子，也有老人的鞋子；有男人的鞋子，也有女人的鞋子。我看到的那些鞋子都已经十分破旧，因为德国人不仅利用这个集中营消灭受害者，而且还为德国人寻找衣物，但有些衣物显然相当昂贵。至少有一双鞋子来自美国，上面带有"固特异沿条鞋"印记。[26]

利用空鞋子传达失落感的传统由来已久，既有披挂整齐的马用马镫驮着死者前后倒置的靴子，也有他人难以穿上逝者的鞋子这种比喻，引发生者难以取代逝者的伤感。但是，目睹大屠杀受害者曾经穿过的堆积如山的鞋子，人们感到万分震惊，并在战后仍然不断举行纪念活动。多瑙河沿岸建立了一尊空鞋青铜雕塑，纪念在布达佩斯遇害的 3500 人，美国大屠杀纪念博物馆设立了鞋子陈列室。空鞋子也用来纪念其他类型的死亡，譬如为了让人们铭记

21 世纪死于枪支暴力的冤魂，最近设立了一些临时空鞋纪念所。乔纳森·弗雷特（Jonathan Frater）在 2011 年这样写道：

> 鞋子是非常个性化的物品，我们用它来定义我们自己……在人类制造的东西中，还有什么比鞋子更能代表文明和我们在文明中的地位吗？只有在鞋子毁掉后，我们才舍得把它扔掉。换句话说，在集中营遭到摧毁的是穿鞋子的人。[27]

战后一段时期鞋子消费开始增加。拥有多双鞋子逐渐成为一种规范，这一点不分性别，甚至还越过了社会经济界限。暇步士鞋（Hush Puppy）、沙漠靴、摩托车靴和运动鞋属于男性服饰，而细高跟鞋、凉鞋和芭蕾平底鞋则是女性时尚的核心。鞋子的获取方式也在迅速改变。1956 年在堪萨斯州托皮卡（Topeka）市开设的全国平价鞋店（Pay-Less National）标志着新的发展方向。路易斯·波泽兹（Louis Pozez）和肖尔·波泽兹（Shaol Pozez）是一对积极进取的堂兄弟，在改造后的超市开设平价商店。他们提供简单的自助购物体验和超低价鞋。他们的成功预示着推销员职业的终结。鞋类销售员不再在顾客和产品之间扮演中介角色。相反，品牌推广和广告将承担说服潜在买家的重任。有鉴于此，国家品牌和"天才"鞋履设计师越来越受欢迎。

20 世纪 60 年代，鞋履消费有所增长，但是美国和英国国内制鞋业的生产却进一步下滑。许多国际贸易谈判都竭力减少进口，但是却无法遏制下滑趋势。唯一的亮点似乎是青年消费者日益增长，不过这些年轻的顾客并没有表现出对国产鞋的偏好，因为款式决定了销量。德国品牌阿迪达斯和彪马在 20 世纪 60 年代末首次进入美国市场，它们的受欢迎程度就印证了这一点，也说明品牌推广日益重要。日本运动鞋制造商鬼冢虎也开始通过菲尔·奈特的努力打入美国市场，但是到 1972 年，奈特和他的合作伙伴比尔·鲍尔曼创立了耐克运动鞋公司，将会为他们的鞋子在以亚洲为主的海外地区的生产树立榜样。耐克公司将总部设在美国，进行鞋子的设计、开发和品牌推广。耐克以及其他运动鞋制造商拒绝强调它们鞋履设计师的个人技能，在女性高端鞋履的销售中这一点日益重要，但是这些公司转向著名运动员以寻求代言。将品牌识别与男性运动能力联系起来，在某种程度上，使男性对鞋子的兴趣和消费明显呈现男性化特征，尽管事实上鞋子反映的是女性的兴趣和消费。

到 20 世纪 80 年代中期，运动鞋在男性时尚中日益重要，结果稀有滞销库存和难以找到的运动鞋都成了收藏家的目标，越来越多的公司也开始争夺市场份额。最成功的是耐克的 Air Jordan 品牌，它为每一季的球鞋进行编号——Air Jordan 1、Air Jordan 3、Air Jordan 6——这一举动引发了人们的期待，但也激发了人们收藏的兴趣。运动鞋收藏，特别是作为一种城市男性活动，开始引人关注，人们常常评价说它带有种族主义色彩，说这些收藏者有点缺乏理性。1979 年，格雷格·唐纳森（Greg Donaldson）在为《纽约时报》撰写的文章《时髦运动鞋：献给慢跑者和抢劫者》中，采访了一位来自布鲁克林的 18 岁高中生，评价他的六双运动鞋时感到有些惊讶："我问里基（Rickey）有这么多双运动鞋是不是有点奇怪，他笑着说：'天哪，不奇怪。'……他想了一会儿，又补充说道：'另外，我弟弟雷（Ray）有五双彪马——五双，五双彪马啊。这太疯狂了。'"[28]

同样，女性的收藏也引起了关注。1986 年，伊梅尔达·马科斯（Imelda Marcos）在丈夫独裁统治结束后，放弃了自己收藏的数千双鞋子，引起了全世界的注意。米歇尔·英格拉西亚（Michele Ingrassia）在为《新闻日报》写的报道中说："没有什么比伊梅尔达的 3000 双 8.5 码的鞋子，更让世人对马科斯政权的暴行感到义愤填膺了。"[29] 文章还说竟然有女人拥有这么多鞋子，真是令人费解。受访者的回答五花八门，有人认为马科斯一定是得了生理疾病，还有人表示自己也梦想收藏这么多鞋子，尽管自己没有受到政治束缚。总体基调是，收藏这么多鞋子，说明收藏者有点怪异。然而，鞋子有价值是显而易见的，1988 年朱迪·加兰（Judy Garland）在电影《绿野仙踪》（1939）中穿过的一双红宝石拖鞋拍出了 15 万美元的高价，而且这一数字在 2000 年被超越，这双拖鞋再次以 66.6 万美元的价格售出。

伊梅尔达·马科斯的这双贝尔特拉米露跟鞋（Beltrami slingbacks），可能是她在流放期间得到的。
意大利，20世纪80年代

　　20世纪90年代末，电视剧《欲望都市》反映了一种日益普遍的观点，即女性对鞋子的欲望永无止境。其实，对许多女性而言，买鞋囤鞋已经从一种反异常行为变为一种主流活动，甚至还令人向往。许多女性宣称自己是"鞋控"，认为自己的欲望几近成瘾。然而，女性购买的不仅仅是鞋子；与鞋子相关的商品销量也飙升。1997年，大都会艺术博物馆受其收藏的鞋子启发，开始提供圣诞树装饰品。博物馆三维复制品的经理理查德·斯蒂文斯（Richard Stevens）意识到"鞋子一类的东西肯定会大行其道"，[30]便订购了几件装饰品，不到三年博物馆便卖出了近30万件，总价值430万美元，成为博物馆商店历史上最畅销的物品。[31]1999年，魔丽鞋（Just the Right Shoes）抓住这一机遇，开始出售可收藏的小型女鞋雕塑。贺卡、餐巾纸、项链和印有鞋子插图的手

微型鞋雕塑是 20 世纪和 21 世纪初炙手可热的收藏品。各式各样的魔丽鞋，美国，20 世纪

这件为女孩设计的衬衫，装饰图
案由杂乱放置的时尚鞋子构成。美国，
2016 年

提袋越来越受欢迎，带有鞋类花哨图像的图书也是如此。

这些商品大多数都反映出高跟鞋日益增加的重要性，它不仅是女性气质的象征，更重要的是，它还是超性感女性气质的象征。甚至各个国家对高跟鞋的排斥，都强化了人们对高跟鞋色情化力量的认识，同时也强化了高跟鞋在西方女性气质理想诠释中的重要性。1999 年，国王阿卜杜·阿齐兹·伊本·巴兹（Abd al-Aziz ibn Baz）在沙特阿拉伯禁穿高跟鞋，部分原因是高跟鞋让女性身高增加，因此更有吸引力。[32]

收藏女鞋的人多了，收藏男鞋的也是如此。到 21 世纪初，运动鞋收藏呈指数级增长。媒体也在讨论运动鞋收藏是愚蠢还是前沿的问题上摇摆不定，但是常常会拿来与女性购买鞋子进行对比，暗示男性的收藏不仅是出于欲望，

运动鞋收藏家里克·科索（Rick Kosow）站在自己的储藏室里，周围是他惊人的藏品，这些藏品是他运动鞋博物馆的珍品。美国，2015 年

而且往往希望能产生利润。肖恩·康韦（Sean Conway）是马里兰州安纳波利斯（Annapolis）的一位运动鞋收藏家，据说：

> 他一生都在收藏运动鞋。事实上，他的主要收入来源是购买鞋子后一旦升值就转售。他家里的鞋子不计其数，只好把第二间卧室改成了储藏室。他说："我喜欢这些鞋子，包括它们的用料、配色和合作生产。有些人认为我疯了，直到我告诉他们，有些鞋子在网上卖 4000 美元呢。我认为这是一种收藏和投资。鞋子永远都是收藏品。"[33]

在同一篇文章中，纽约市时装技术学院（Fashion Institute of Technology）

　　针对大规模生产消费品逐渐完善的匿名问题，美国艺术家汤姆·萨克斯努力在其作品中保留生产者的商标。秉承自己在设计前沿采用的这些原则，他与耐克合作的 NikeCraft 系列遇到了独特的挑战。这款月球靴是该系列的原型。汤姆·萨克斯，*NikeCraft Lunar Underboot Aeroply Experimentation Research Boot Prototype*，2008—2012 年

配饰设计系主任瓦西利奥斯·克斯托菲勒克斯（Vasilios Christofilakos）也提出自己的观点，指出男女收集鞋子的方式存在差别："女性收藏鞋子倾向于追求多样性［想象一下臭名昭著的伊梅尔达·马科斯和《欲望都市》中虚构的卡丽·布拉德肖（Carrie Bradshaw）衣柜里的那些高跟鞋、靴子、凉鞋、平底鞋等各种鞋子吧］，而男性往往会收藏某种类型的鞋子。"[34] 这一点得到了另一位收藏者的肯定：

　　那些女性购买的鞋子背后没有故事……购买鞋子的女性和收藏鞋子者大不相同。如果我购买的是普拉达、古驰和鲁布托，那是一回事儿，但是我购买的是耐克和乔丹。我认为第一类鞋子是没有零售价的。[35]

　　其实，零售价对鞋类估价非常重要。在产能空前发展时期，稀有鞋和高档鞋都会激起人们的强烈欲望。稀缺性已成为后稀缺市场的一个重要特征。最高档的女鞋标价达数千美元，而高档的男鞋也紧随其后，尤其是运动鞋。特别是稀有运动鞋，其转售价格已达数万美元，反映出它们投资和收藏的价值。主要运动鞋品牌先是与高端时装设计师合作，然后与其他设计师、名人、体育明星和著名音乐家合作，发行少量独家合作产品，形成了一鞋难求的局面。就连汤姆·萨克斯（Tom Sachs）和达米安·赫斯特（Damien Hirst）等一流艺术家也与主要品牌合作推出限量版运动鞋，模糊了时尚与艺术的界限。紧随其后，奢侈女鞋品牌也进入运动鞋市场，与著名设计师合作。小众或专业手工运动鞋生产商出现了，它们只是小批量生产，在一定程度上类似传统的高端女鞋。其他品牌也开始寻找引领潮流的人展开合作：勃肯鞋和马丁靴都与其他时装公司有过合作，甚至马诺洛·伯拉尼克也在2016年与歌手蕾哈娜合作过——就是蕾哈娜首次与彪马合作之后的那一年。

　　随着品牌与合作的兴起，鞋子作为个性化自我表达的艺术语言也推动了定制市场。作为所有鞋类中工业化程度最高的产品，运动鞋将率先提供大规模的定制产品，为重新诠释工业化前鞋类的定制生产铺平道路，这一点看

阿迪达斯 Futurecraft 概念跑鞋采用 3D 打印的鞋底。最终目标是提供可定制的打印鞋。阿迪达斯 Futurecraft 原型。德国，2015 年

起来颇有讽刺意味。这些运动鞋的许多方面都是可定制的，但是模型形状和品牌标识保持不变，既可以体现个性化，也可以保留品牌标识。然而，尽管鞋类消费可能更像定制体验，但是鞋子生产可能会变为全自动化的企业活动。2016 年，阿迪达斯宣布在德国成立由机器人运营的新"高速工厂"（Speedfactory），这似乎让阿特·布赫瓦尔德在 1983 年提出的基于机器人的生产模式变成了现实。英国《卫报》在一篇关于"缝纫机器人"将取代 90% 的服装和鞋类生产工人的报道中指出，高速工厂将"只雇用 160 人"："一条机器人生产线生产鞋底，另一条生产线生产鞋面……目前，一双阿迪达斯鞋从创意到上架需要十八个月的时间。现在的目标是将其缩短至五个小时，让消费者能够在商店定制自己的订单。"[36] 最高效的生产方法可能是 3D 打印——这项技术也可以让鞋子呈现出全新的、尚未想象出来的形式，可能会产生新的社会意义。

许多海外工人几十年来一直生产西方鞋，他们长期忍受虐待和恶劣的工作条件，上述劳动力分散可能是解决这些问题的一种方式。然而，尽管他们的工作条件需要彻底改善，但是自动化的最终结果可能导致大规模失业。生产和消费日趋个性化，反映了社会经济的根本变革，或许也标志着时尚意义和功能的变化。尽管存在着尚未想象到的技术可能性，但是通过品牌识别实现个人表达的悖论很可能会继续下去。在未来，我们可能会更加重视多种形式的鞋类，因为几乎没有多少服装元素能如此容易地适应新的生产方法，而且蕴含着如此多的意义。

注　释

第一章　凉鞋：特立独行

1　俄勒冈州的罗克堡凉鞋（Fort Rock Sandals）是世界上已知的最古老的鞋子，碳素测定时间为九千多年前。Thomas J. Connolly, 'Fort Rock Sandals', www.oregonencyclopedia.org，检索日期 2016-5-23。

2　André J. Veldmeijer and Alan J. Clapham, *Tutankhamun's Footwear: Studies of Ancient Egyptian Footwear* (Leiden, 2010). 另参见 Veldmeijer 的另一项研究。

3　Carol van Driel-Murray, 'Vindolanda and the Dating of Roman Footwear', *Britannia*, XXXII (2001), p. 185.

4　Charles Brockden Brown, ed., 'French Private Ball', *The Literary Magazine and American Register*, II/15 (1804), p. 708.

5　Thomas Thornton, *A Sporting Tour through Various Parts of France, in the Year 1802* (London, 1804).

6　'Domestic Occurrences, Fashions for January 1810', *The Hibernia Magazine,* January 1810, p. 62.

7　这个故事到 20 世纪讲到罗杰·维维亚时还会提及。'The London Shoemaker', *The Lady's Miscellany, or, Weekly Visitor, for the Use and Amusement of Both Sexes*, v/29 (1807), p. 227. 另参见 J. Bell, ed., *La Belle Assemblée, or, Bell's Court and Fashionable Magazine*, II (1807), p. 56。

8　'Little Punch: Street Thoughts by a Surgeon', *Littell's Living Age*, IV/35 (1845), p. 76.

9　E. Littell, 'Minor Matters in Dress', *Littell's Living Age*, VI/60 (1845), p. 142.

10　到 18 世纪末，芭蕾已经不再是高雅的宫廷艺术，而是一种需要更强运动能力的学科。用足尖站立，是芭蕾动作出现的新绝技之一。最早提到足尖站立的是 1721—1722

年在林肯律师学院广场（Lincoln's Inn Fields）举行的芭蕾舞季，当时一位名叫桑达姆（Sandham）的男士踮起脚尖跳芭蕾，让观众们兴奋不已。18 世纪晚些时候，另一位名叫安托万·皮特罗（Antoine Pitrot）的男舞者，舞技出众，能力超凡，用脚尖站立，让观众大为震惊。然而，这两名舞者表演绝技时都没有穿专用鞋。

11　'Fashions for the Seaside', *Warehousemen and Drapers' Trade Journal*, V (1876), p. 347.

12　Joseph F. Edwards, ed., 'Notes and Comments: Torture for Fashion', *Annals of Hygiene*, II/3 (1887), p. 108.

13　Jeffery S. Cramer, *I to Myself: An Annotated Selection from the Journal of Henry D. Thoreau* (New Haven, CT, 2007), p. 48.

14　Vi-An Nguyen, '10 Things You Didn't Know About the Statue of Liberty (She Was Almost Gold!)', www. parade.com, 2 July 2014.

15　Garance Franke-Ruta, 'When America Was Female', *The Atlantic*, 5 March 2013.

16　George Orwell, *The Road to Wigan Pier* (London, 1937), p. 121, n. 13.

17　'The Dress and Undress of the Kibbo Kift Kindred', *Costume Society News*, www. costumesociety. org. uk, 30 November 2015.

18　Edward Carpenter, 'Simplification of Life', in *England's Ideal, and Other Papers on Social Subjects* (London, 1887), p. 94.

19　Tony Brown and Thomas N. Corns, *Edward Carpenter and Late Victorian Radicalism* (Abingdon-on-Thames, Oxon, 2013), p. 157.

20　'Garden City–Within the Gates of the City of the Simple Life', *New York Times*, 6 October 1907, p. 85.

21　'Bare Legged Boy Shocks a Policeman', *New York Times*, 9 January 1910, p. 3.

22　'The Sandal Craze: A Medical Opinion on the Latest Fad', *Daily Telegraph*, 5 August 1901, p. 2.

23　'The Parisian Idea of Fashionable Footwear: Well Shod Is Well Dressed', *Saint Paul Globe*, 1 June 1902, p. 12.

24　'Sandals for Children: Present Fad in England–Americas: Children Go Barefooted', *Indianapolis Journal*, 21 July 1901, p. 20.

25　'Women Discard Stockings: Seaside Sojourners Take to Sandals or Low-cut Shoes', *New York Times*, 11 August 1912, p. c2.

26　'Sandals New Paris Fad: They Display Wearer's Bare Feet and Toe Rings Go with Them', *New York Times*, 7 April 1914, p. 1.

27　Ibid.

28　'Let's Wear Sandals', *San Jose Evening News*, 4 October 1917.

29　'Trouserless Home Greets Menalkas…Police Restore Isadora Duncan's Nephew to His Ancient Greek Milieu. Boy Sighs for Modernity…Wanted to Enjoy His New Clothes and Know at Least One Non-vegetarian Christmas', *New York Times*, 26 December 1920, p. 7.

30　他的着装模仿的是印度最穷的人，他加工皮革的意愿挑战了传统的种姓制度，该制度将皮革制作交给最低的种姓。

31　20 世纪 30 年代，丽都（lido）成了英国公共游泳池的名称。

32　其他国家的传统服装对时尚有启发作用，因此就像对带有传统东欧刺绣的衬衫感兴趣一样，人们也偏爱略带民俗服饰色彩的凉鞋。

33　'Fashion: Shoes for Resorts', *Vogue*, 15 November 1926, pp. 56, 57, 174.

34　'Fashion: Pen and Snapshots from the Lido, Venice', *Vogue*, 1 October 1926, p. 74.

35　Ibid.

36　'Mere Male Kicks at Homely Dress: London Reformers Seek to Make Garb Healthy and Picturesque', *The Globe*, 13 January 1929.

37　Frank Hillary, 'Hot Weather Togas for Men Suggested by Californian: The Matter of Pockets Again Bobs Up Along with Ties and Suspenders and Somebody Pokes Fun at Mr Warner', *New York Times*, 29 July 1928.

38　'Current History in Gloves and Shoes', *Vogue*, 15 August 1931, p. 52.

39　'Shirt to Slip on for Beach Wear', *Indianapolis Star*, 8 June 1930, p. 46.

40　*Boot and Shoe Recorder*, 2 May 1931.

41　'Cool Sandals to Wear in Summer…', *Rochester Evening Journal and the Post Express*, 6 June 1931.

42　Carl Carmer, 'Features: American Holiday', *Vogue*, 1 July 1936, p. 48.

43　'Fashion: Autumn Shoes–A More Complicated Matter', *Vogue*, 15 September 1931, pp. 94, 95.

44　'Fashion Forecast (from Our London Correspondent)', *Sydney Morning Herald*, 18 January 1933.

45　Elsie Pierce, 'Pedicure Fad Will Reduce Foot Ills, Elsie Pierce Says', *Milwaukee Sentinel*, 18 May 1932, p. 8.

46　'Close-up of the Paris Collections', *Vogue*, 15 March 1935, p. 51.

47　'Schiaparelli among the Berber', *Vogue*, 15 August 1936, p. 44.

48　Salvatore Ferragamo, *Shoemaker of Dreams* (London, 1957), pp. 56-57.

49 Ibid.

50 关于西班牙和威尼斯高底鞋，详情参见 Elizabeth Semmelhack, *On a Pedestal: From Renaissance Chopines to Baroque Heels* (Toronto, 2009)。

51 Ruth Matilda Anderson, 'El chapin y otros zapatos afines', *Cuadernos de la Alhambra*, 5 (1969), p. 38.

52 Elizabeth R. Duval, 'New Things in City Shops: Shoes as a Storm Center', *New York Times*, 31 March 1940, p. 53.

53 Cosmo Agnelli, *Amorevole aviso circa gli abusi delle donne vane* (Bologna, 1592).

54 'We Fear the Worst', *Pittsburgh Press*, 25 September 1948, p. 4.

55 'Spring Styles Ready for Action', *Boot and Shoe Recorder*, 17 January 1942.

56 'Popularity of "Slack Suit" Brings Mr American Around, Finally, to Becoming Stylish', *Palm Beach Post*, 14 July 1939, pp. 1, 5.

57 Orwell, *The Road to Wigan Pier*, p. 121, n. 13.

58 Ibid.

59 'Barefoot Sandals', *Vogue*, 1 December 1944, pp. 86, 87.

60 'Fashion: Looking Back at Paris Fashions, 1940-1944', *Vogue*, 1 January 1945, p. 70.

61 更多信息参见 Elizabeth Semmelhack, *Roger Vivier: Process to Perfection* (Toronto, 2012)。

62 'Fashion: Thong Sandals', *Vogue*, 15 March 1945, pp. 114, 115.

63 'Roman Sandals', *Vogue*, 1 June 1952, p. 114.

64 Rand Richards, 'North Beach: 225 Columbus Avenue–Vesuvio Café (since 1949)', *Historic Walks in San Francisco* (San Francisco, ca, 2008), p. 299.

65 'We Fear the Worst', *Pittsburgh Press*, 25 September 1948, p. 4.

66 John Cameron Swazye, 'The Historian of the Streets of Manhattan', *Toledo Blade*, 13 July 1951.

67 在澳大利亚，橡胶凉鞋被简单地称为人字拖（thong），但是新西兰称之为夹趾凉鞋（jandal），是"日语"和"凉鞋"这两个词的合成词，它的起源存在较大争议。1957年，莫里斯·约克（Morris Yock）将"Jandal"一词注册为商标，因此得名。但是，约克的朋友约翰·考伊（John Cowie）的家人对此强烈反对，称是考伊在20世纪40年代创造的这个词。不管这个名称如何起源，橡胶凉鞋在越来越政治化的同时却广受欢迎。

68 'The Jelly Shoe by Jean Dauphant aka La Méduse', www. thehistorialist. com, 30 October 1955.

69 Marc Lacey, 'For Eritrean Guerrillas, War Was Hell (and Calluses)', *New York Times*, 2

May 2002.

70 Hunter S. Thompson, 'The "Hashbury" Is the Capital of the Hippies', *New York Times*, 14 May 1967, pp. 14 ff.

71 Rebecca Mead, 'On and Off the Avenue: Sole Cycle–The Homely Birkenstock Gets a Fashion Makeover', www. newyorker. com, 23 March 2015.

72 'Exercise Sandal at Work While You Play', *Quebec Chronicle-Telegraph*, 11 May 1970, p. 4.

73 Judith Siess, 'The Sock-O Look', *Time*, CV/5 (1975), p. 72.

74 Ted Morgan, 'Little Ladies of the Night: Today's Runaway Is No Norman Rockwell Tyke. Instead, She May Well Be a 14-year-old in Hot Pants on New York's Minnesota Strip', *New York Times*, 16 November 1975, p. 273.

75 'Goodbye Boots…Hello Sandals', *Vogue*, 1 March 1977, p. 190.

76 John Traynor, 'Open Toes for the Open Road', *Geographical*, LXVII/2 (1995), p. 47.

77 'Take a Journey through the History of Havaianas!', www. us. havaianas. com, 29 May 2015.

78 Frankie Cadwell, 'Opinion: Don't Thank the Boss for "Casual Friday"; Men's Wear Angst', *New York Times*, 26 July 1994.

79 Ginia Bellafante, 'The Nation: Footwear Politics; Just Who, Really, Is a Birkenstock Voter?', *New York Times*, 5 October 2003.

80 Rosie Swash, '"Ugly", 50 Years Old and Stepping Right Back into Fashion: Birkenstock Orthopaedic Footwear Is Flying out of the Stores after Being a New Hit on the Catwalks', *The Observer*, 15 June 2014, p. 12.

81 Mead, 'On and Off the Avenue'.

82 Jennifer Fermino, 'That's Quite a Feet! Bam First Flip-flop President', www. nypost. com, 5 January 2011.

83 Ibid.

84 'Petty Controversy: Presidential Flip-flops!', www. nypost. com, 6 January 2011.

85 Russell Smith, 'How to Solve the Gnarly Issue of Men's Feet? Wear Shoes', *Globe and Mail*, 19 July 2008, p. 14.

86 'Minor Matters in Dress', *Littell's Living Age*, VI/62 (1845), p. 139.

87 Alana Hope Levinson, 'Why Does Society Hate Men in Flip-flops? It's Not Because Men Have Disgusting Feet', www. melmagazine. com, 6 July 2016.

88 Ian Lang, 'Pedicures for Guys: Why You Should Get a Pedicure', www. askmen. com, accessed 31 October 2016.

89 David Hayes, 'Socks and the City: The Rise of the Man-sandal', *Financial Times*, 17 August 2013, p. 4.

90 D. E. Lieberman, M. Venkadesan, W. A. Werbel et al., 'Foot Strike Patterns and Collision Forces in Habitually Barefoot versus Shod Runners', *Nature*, CDLXIII/7280 (2010), pp. 531-535.

91 Dennis Yang, 'gq Fitness: Five-toed Shoes Are Ugly and Bad for Your Feet', www. gq. com, 14 May 2014.

92 Sean Sweeney, '5 Ways to Look Fly in Your New Slide', www. blog. champssports. com, 16 April 2015.

93 Stu Woo and Ray A. Smith, 'I'll Be Darned, Wearing Socks with Sandals Is Fashionable', www. wsj. com, 15 September 2015.

第二章　靴子：群体认同

1 Thomas Dekker, 'Apishnesse: Or The Fift Dayes Triumph', in *The Seven Deadly Sins of London, Drawn in Seven Several Coaches, Through the Seven Several Gates of the City; Bringing the Plague with Them* (London, 1606/1879), p. 37.

2 Thomas Middleton, 'Father Hubburd's Tales 1604', quoted in John Dover Wilson, 'Dress and Fashion: The Portrait of a Dandy', in *Life in Shakespeare's England* (Cambridge, 1920), p. 127.

3 Christopher Breward, 'Men in Heels: From Power to Perversity', in *Shoes: Pleasure and Pain*, ed. Helen Persson, exh. cat., Victoria and Albert Museum, London (2015), p. 132.

4 Margarette Lincoln, *British Pirates and Society*, 1680-1730 (London and New York, 2014), p. 12.

5 左马驭者骑在最前面的马上，四匹或四匹以上的马排在一起，左马驭者所穿的马靴必须能够承受最前面的马的身体的重量，否则马匹相撞时可以碰碎左马驭者的腿。

6 Georgiana Hill, *A History of English Dress from the Saxon Period to the Present Day* (New York, 1893), vol. II, p. 29.

7 Charles Dickens, ed., *Household Words: A Weekly Journal*, XI/254 (1855), p. 348.

8 Edward Dubois (pseud.), *Fashionable Biography; or, Specimens of Public Characters by a Connoisseur* (London, 1808), p. 86.

9 George Cruikshank, 'My Last Pair of Hessian Boots', in *George Cruikshank's Omnibus*, Parts 1-9, ed. Samuel Laman Blanchard (London, 1842), p. 8.

10 Robert Forby, *The Vocabulary of East Anglia*, quoted in June Swann, *Shoes* (London,

1983), p. 35.

11 See Nancy E. Rexford, *Women's Shoes in America, 1795-1930* (Kent, oh, 2000). 另见 Blanche E. Hazard, *The Organization of the Boot and Shoe Industry in Massachusetts Before 1875* [1921] (New York, 1969)。

12 Wilma A. Dunaway, *The African-American Family in Slavery and Emancipation* (Cambridge, 2003), p. 87.

13 W. Chambers and R. Chambers, 'Things as They Are in America: Boston–Lowell', *Chamber's Journal of Popular Literature, Science and Arts*, 25 (Edinburgh, 1854), p. 394.

14 Helen Bradley Griebel, 'New Raiments of Self: African American Clothing in the Antebellum South', dissertation, University of Pennsylvania (1994), p. 239.

15 A Sufferer, 'Boot-blackmail', *Life*, VII/165 (1886), p. 117.

16 John MacGregor, Esq., 'Ragamuffins', *Ragged School Union Magazine* (London, 1866), p. 182.

17 Ibid., p. 189.

18 'Tilting Hoops', *Circular*, 2 July 1866.

19 Lola Montez, *The Arts of Beauty; or, Secrets of a Lady's Toilet* (New York, 1858), p. 70.

20 'The Footprints on the Sands', *Every Week: A Journal of Entertaining Literature*, 24 October 1888.

21 Anna Cora Mowatt Ritchie, 'Ladies' Legs', *Evening Telegraph*, 14 April 1870, p. 2.

22 Richard Krafft-Ebing, *Psychopathia Sexualis*, trans. Charles Gilbert Chaddock (Philadelphia, pa, and London, 1894), p. 126.

23 Ibid., p. 130.

24 'The Cult of the Bloomer: Demonstration at Reading', *Times of India*, 19 October 1899, p. 6.

25 Annie de Montaigu, 'The Tête à Tête Wheel: Fashion, Fact, and Fancy: Conducted by the Countess Annie de Montaigu', *Godey's Magazine*, CXXXII/70 (New York, 1896), p. 444.

26 James Naismith and Luther Halsey Gulick, eds., 'Cross-saddle Riding for Women', in *Physical Education* (Springfield, ma, 1892), p. 34.

27 Barbara Brackman, 'Legend Posing as History: Hyer, Justin, and the Origin of the Cowboy Boot', *Kansas History: A Journal of the Central Plains*, XVIII/1 (1995), p. 35.

28 Ibid., p. 34.

29 Winthrop, 'With the "Cowboys" in Wyoming', *Puck*, XVI/404 (New York, 1884), p. 219.

30 'William F. Cody "Buffalo Bill" (1846-1917)', www. pbs. org, accessed 28 October 2016.

31 Richard Harding Davis, 'The Germans Enter Brussels', www. gwpda. org, accessed 28 October 2016.

32 更多信息参见 Alison Matthews David, 'War and Wellingtons: Military Footwear in the Age of Empire', in *Shoes: A History from Sandals to Sneakers*, ed. Giorgio Riello and Peter McNeil (London and New York, 2006), pp. 116-136。

33 靴子的重要性，在埃里希·马丽亚·雷马克（Erich Maria Remarque）的小说《西线无战事》（1929）中可以得到证明。

34 'Saw War in the Trenches: Dutchman Horrified When Belgians Took the Boots of Dead Germans', *New York Times*, 14 November 1914, p. 2.

35 '8 Precautions against Trench Feet and Frost Bite', *Orders Sent Out to Troops of the Warwickshire Regiment, September–November 1916*, www. nationalarchives. gov.uk, accessed 28 October 2016.

36 参见 www.hunter-boot.com，检索日期 2016-6-21。

37 'Flappers Flaunt Fads in Footwear/Unbuckled Galoshes Flop Around their Legs and Winter Sport Shoes Emphasize their Feet. Stockings Scare Dogs. Arctic Leg and Foot Equipment Has Been Adopted for Street Wear', *New York Times*, 29 January 1922.

38 'Concerning the Flapper-galosh Situation', *Life*, 16 March 1922.

39 'Go West, Young Dude, Go West: Where Ranch Life Provides New Delights in the Lines of Riding, Roping and Round-ups', *Vogue*, 15 June 1928, p. 45.

40 Ibid., p. 47.

41 Peter Stanfield, *Horse Opera: The Strange History of the 1930s Singing Cowboy* (Urbana and Chicago, IL, 2002).

42 '15,000 Nazis Defy Ban in Graz March for Seyss-Inquart', *New York Times*, 2 March 1938, p. 1.

43 'Dore Schary Finds Films Dominated by Men', *New York Times*, 31 December 1959, p. 11.

44 高帮皮靴（chukka）原是马球术语，指马球比赛的一局。

45 Bill Hayes, *Hell on Wheels: An Illustrated History of Outlaw Motorcycle Clubs* (Minneapolis, mn, 2014).

46 参见 www. chippewaboots. com，检索日期 2016-6。

47 1964 年 5 月 18 至 19 日的那个漫长周末，曾经发生过多次摩擦的摩登派和老客派聚集在海滨小镇马盖特（Margate）、布罗德斯泰尔斯（Broadstairs）和布莱顿（Brighton），发生了激烈冲突。就像在霍利斯特（Hollister）一样，媒体对打斗进行了大肆渲染，这两个帮派顿时成了人们关注的焦点。

48 'What Are They Wearing on the West Coast in '66?', *Madera Tribune*, 15 March 1966, p. 11.

49 'Fashion in the 1960s–Decade of the Peacock Revolution', *Eugene Register-Guard*, 25 December 1969, p. d1.

50 Doug Marshall, *Ottawa Citizen*, 19 February 1964, p. 25.

51 Ibid.

52 'Fashion: Paris 1964: Vogue's First Report on the Spring Collections', *Vogue*, 1 March 1964, p. 131.

53 'Vogue's Eye View: Boots for a Heroine', *Vogue*, 1 October 1966.

54 'Dr Martens at 50: These Boots Were Made for…Everyone', www. theguardian. com, 31 October 2010.

55 Gloria Emerson, 'British Youth's Latest Turn: The Skinhead', *New York Times*, 16 December 1969, p. 12.

56 'Dr Martens at 50'.

57 Ibid.

58 Marian Christy, 'Leg-hugging Boots "In" for Fall', *Beaver County Times*, 17 June 1970, p. a23.

59 Ibid.

60 'Saint Laurent "Russian" Styles Have Rolled on to Victory', *Sarasota Herald-Tribune*, 6 February 1977, p. 4g.

61 William K. Stevens, 'Urban Cowboy, 1978 Style', *New York Times*, 20 June 1978, p. 1.

62 'Tailored for President?', *Washington Post and Times Herald*, 24 September 1967.

63 'Vogue's View: Well-bred Style: Designers Go Equestrian', *Vogue*, 1 November 1988.

64 'Fashion: On the Street; In Jodhpurs, Standing Out from the Herd', *New York Times*, 17 September 1989.

65 Jane L. Thompson, 'Getting the Boot and Loving It', *National Post*, 25 September 1999, p. 9.

66 Leslie Rabine, 'Fashion and the Racial Construction of Gender', in *'Culture' and the Problem of the Disciplines*, ed. John Carlos Rowe (New York, 1998), pp. 121-140.

67 George Hosker, 'Hiking Boots as High Fashion? These Days Yes', *The Telegraph*, 2 November 1993, p. 26.

68 参见 www. ugg. com，检索日期 2016-10-28。

69 Stephanie Kang, 'Style and Substance; Uggs Again: What Last Year's "It" Gift Does for an Encore', *Wall Street Journal*, 9 December 2005.

70 我：“这些围巾和瑜伽裤是怎么回事啊？我实在搞不明白。”

朋友："啊，白人女孩嘛。"

朋友：她们问道："我应该穿什么颜色的雪地靴呢？棕褐色，还是深棕褐色呢？"
〔译者注：本书作者解释说这段对话是一个网络模仿传递行为（Internet meme），讽刺那些只知道追赶潮流的女孩。〕

71 'Dressed in Sexy Fashions, Bratz Dolls Popular with Young Girls', *Pittsburgh Post-Gazette*, 23 November 2003.

第三章　高跟鞋：一稳难求

1 Jeffrey A. Trachtenberg, 'Take My Advice: Book by Comic Steve Harvey Gets Boost from Radio Show', www. wsj. com, 7 February 2009.

2 更多信息参见 Elizabeth Semmelhack, *Standing Tall: The Curious History of Men in Heels* (Toronto, 2016)。

3 Florin Curta, *The Earliest Avar-age Stirrups, Or the 'Stirrup Controversy' Revisited* (Leiden, Boston, ma, and Tokyo, 2007).

4 今天的牛仔靴保留了高跟，这足以证明高跟有助于脚牢牢地放在马镫里。

5 Semmelhack, *Standing Tall*, pp. 14-25.

6 伊丽莎白女王一世 1595 年的家庭记录显示，她需要"一双带足弓垫的西班牙高跟皮鞋"。Janet Arnold, *Queen Elizabeth's Wardrobe Unlock'd* (Leeds, 1988).

7 June Swann, Shoes (London, 1983), p. 12. Although Swann suggests that this means that footwear was unisex, if such were the case the remark would not have called them men's shoes.

8 *Hic Mulier; or, The Man-woman: Being a Medicine to Cure the Coltish Disease of the Staggers in the Masculine-feminines of Our Times. Exprest in a briefe Declamation* (1620), www. books. google. ca, 检索日期 2016-10-28。

9 作为一种时尚，叠层皮革鞋跟在 17 世纪 20 年代开始出现在男鞋中。与自覆盖式鞋跟（皮革覆盖的木质鞋跟）相比，叠层皮革鞋跟的结构仍然完全可见。在一些波斯鞋中可以找到叠层皮革鞋跟，但是这种鞋跟的灵感可能来自波斯以外的地方，比如现在的阿富汗和乌兹别克斯坦等地方。在英国，这种高跟鞋似乎被称为"polony"（大红肠），但其原因尚未完全弄清楚；16 世纪中期，在高跟鞋出现之前，人们用"polony boot"（大红肠靴）来形容过膝长靴。波兰人的服装灵感来自波斯风格，高跟鞋也包括在内，而且是自覆盖鞋跟，所以用这个词来描述这种较新的高跟鞋耐人寻味。当然，波兰轻骑兵，就像波斯骑兵一样，在这一时期都令人肃然起敬。无论起源如何，随着世纪的推移，两种可供男性选择的高跟鞋逐渐表现出两种截然不同的男子气概，一种优雅，另一种则是果敢。人们在鞋跟部位打补丁，结果发明了高跟的说法，至今仍不能令人满意。

10　为什么偏爱红色高跟鞋，这种时尚是如何起源的，都需要更多研究。拜占庭统治者穿红鞋的历史由来已久，1054 年宗教分裂将基督教分为东正教和罗马天主教之后，教皇就接纳了这种时尚。红鞋和统治权的联系可能影响了路易十四宫廷内红色鞋跟的政治化，但这只是猜测而已。然而，我们所知道的是，早在路易十四使用之前，红色高跟鞋就已经开始流行了。在他统治时期，红色高跟鞋成了宫廷特权的重要标志。

11　Sir John Suckling, 'A Ballad Upon a Wedding', www. bartleby. com，检索日期 2016-10-28。

12　《灰姑娘》的故事是夏尔·佩罗道德故事集之一，于 17 世纪晚期在法国宫廷首次亮相，清楚地阐述了这一新理想。灰姑娘的脚小得出奇，是与生俱来的高贵的外在体现，而她那双不能弯曲的玻璃鞋则清楚地证明了这种天生的优雅，也提升了她的社会地位。灰姑娘与她的两个继姐姐则形成了鲜明的对比，她们的大脚意味着她们生来就不够漂亮。然而，她们也许还起着更重要的作用，即告诉人们如何利用时尚去欺骗他人。对 18 世纪的观众及后人而言，这个故事表明小脚是天生善良和美丽的标志。然而，在现实中，小脚可能是虚构的，是时尚高跟鞋造成的错觉。高跟鞋，就像其他试图欺骗人的服饰一样，可能会被当作欺诈手段，隐藏穿者的真实本性，欺骗（男性）爱慕者。

13　John Evelyn, *The Diary of John Evelyn*, 1665-1706 (New York and London, 1901).

14　Judith Drake, *An Essay in Defence of the Female Sex: In Which Are Inserted the Characters of a Pedant, a Squire, a Beau, a Vertuoso, a Poetaster, a City-critick, &c.: In a Letter to a Lady* (London, 1696), p. 68.

15　'Obituary of Remarkable Persons; with Biographical Anecdotes ［January 1797］', *The Gentleman's Magazine* (London, 1797), p. 85.

16　Sir Thomas Parkins, 'Treatise on Wrestling'，于 1714 年对男性服装进行了评价。引用参见 Frederick William Fairholt, *Costume in England: A History of Dress from the Earliest Period until the Close of the Eighteenth Century* (London, 1860), p. 393。

17　越来越多的女性开始参与到思想生活中，而且有些人，比如凯瑟琳大帝（Catherine the Great），被誉为启蒙运动美德的典范，但是这些女性都是人尽皆知的例外，她们恰恰证明了这一规律。

18　Bernard Mandeville, *The Virgin Unmasked; or, Female Dialogues, betwixt an Elderly Maiden Lady and Her Niece on Several Diverting Discourses* (London, 1724), p. 10.

19　'The Delineator', *The Hibernian Magazine; or, Compendium of Entertaining Knowledge* (Dublin, 1781), p. 342.

20　男性身高与男子气概的理想密切相关，这一点在 19 世纪 30 年代的一本男性时尚指
　　南中得到了明确的阐述。该书用了整整一个章节讨论身材较矮的男性所面临的种种
　　挑战，提出男性穿高跟鞋的注意事项：

　　　现在我计算一下——如果一个人通过这样打扮身高 5 英尺 4 英寸，穿上 1.5 英
寸的高跟鞋，在 3 码或 4 码远的地方，他看起来就是 5 英尺 8 英寸高；在 20 码远看，
他看起来就是高个子。只要稍加注意，就能取得如此大的成效……看起来紧绷的靴
筒当然也可以延长身高；因此，我极力推荐黑森靴……跟便装靴能够增加身高一样，
（正装靴）特别适合那些希望通过穿高跟鞋增加身高的人。如果有必要，这些高跟
可以是 2 英寸甚至 3 英寸，只是需要注意两点：如果非常高，上述高跟应该垫上至
少半英寸厚的软木塞，发出的回声不能超过平底鞋，这样就可以完全避开"人类的
识别"；裤子应该做得很长，甚至碰到地面，而且要添加系带。哦！我的同胞们，
见证身材矮小的人身上发生的奇迹吧！……如果按照我的指示去做，其他人丝毫都
不会怀疑你走路时穿的是增高鞋。

The Whole Art of Dress! or, The Road to Elegance and Fashion at the Enormous Saving of Thirty Per Cent!!! Being a Treatise upon That Essential and Muchcultivated Requisite of the Present Day, Gentlemen's Costume;…by a Cavalry Officer (London, 1830), p. 67.

21　James Dacres Devlin, *Critica Crispiana; or, the Boots and Shoes, British and Foreign, of the Great Exhibition* (London, 1852), p. 69.

22　Grace Greenwood, 'The Heroic in Common Life: A Lecture by Grace Greenwood', *Christian Inquirer*, XIV/11 (1859).

23　Bellamy Brownjohn, 'A Severe Family Affliction', in *The Grecian Bend* (New York, 1868), p. 3.

24　*New York Times*, 2 September 1871, p. 4.

25　Thorstein Veblen 对此的著名评论和批评，参见其力作 *The Theory of the Leisure Class* (1899)。

26　M. E. W. Sherwood, 'How Shall Our Girls Behave?', *Ladies' Home Journal and Practical Housekeeper*, V/11 (1888), p. 2.

27　'The Social Problem: Young Men Responsible for the Fashions of Young Women', *Circular*, VI/35 (Oneida, ny, 1869), p. 279.

28　George Wood Wingate, *Through the Yellowstone Park on Horseback* (New York, 1886), p. 21.

29　Julian Ralph, *Our Great West: A Study of the Present Conditions and Future Possibilities of the New Commonwealths and Capitals of the United States* (Chicago, IL, 1893), p. 388.

30　1886 年，杂志上刊登了一篇关于蒙大拿州牛仔的文章，对牛仔靴的靴跟解释说：
　　　"就足部装备而言，他们总是穿着高筒靴，靴跟非常高……［靴跟］是为了实现一

个特殊目的，或者用现代科学术语来说，制造这种高度专门化的靴跟是根据骑马的需要，通过某种机械装置防止脚从马镫的缝隙中滑出。"William T. Hornaday, 'The Cowboys of the Northwest', *The Cosmopolitan Monthly Magazine*, II (1986), p. 222.

31　Dorothy Dunbar Bromley, 'Feminist–New Style', www. harpers. org, October 1927.

32　'Lay the High Heel Low', *Washington Post*, 6 May 1920, p. 6.

33　'Hooch and High Heels Are Driving Nation to Perdition Fast', *Lebanon Daily News* (Lebanon, pa, 1929), p. 16.

34　'Writes a Bill Limiting Heels to Mere Inch: Texas Solon Would Protect Public Health, Starting at Shoe Bottoms', *The Detroit Free Press*, 3 February 1929, p.28.

35　'Stand By High Heels: Massachusetts Shoe Men Oppose Law Banning Them', *New York Times*, 15 February 1921, p. 6. "今天，制鞋商和经销商出现在州议会的立法委员会面前，反对旨在阻止女性穿高跟鞋的法案……将法案描述为'一种古怪而愚蠢的措施'。一名经销商称，现在 60% 的女性所穿的鞋都符合该法案，该法案将禁止制造和销售鞋跟高度超过 1.5 英寸的鞋子。"

36　'Use of Footgear in Costumes: Part Played by Shoes and Hosiery Takes on Importance in Ensemble Effects', *New York Times*, 18 April 1926.

37　Ibid.

38　'What Women Will Wear When Another Hundred Years Becomes Fashion History', *Spokane Daily Chronicle*, 18 April 1936, p. 5.

39　Paul Popenoe, *Applied Eugenics* (New York, 1920), p. 301.

40　Knight Dunlap, *Personal Beauty and Racial Betterment* (St Louis, mo, 1920), p. 22.

41　C. J. Gerling, *Short Stature and Height Increase* (New York, 1939), p. 148. 这本书就建议使用这种部件，解释说虽然高跟鞋对女性有帮助，但是"高跟鞋穿在男性脚上让人觉得柔弱怪异，但是男性比女性更需要手段增高"。作者接着说："当然，这种理想的鞋子必须把脚托离地面很高，同时外观与普通鞋子又并无不同。"

42　Elizabeth R. Duval, 'Fashion's Fantasies for Feet', *New York Times*, 14 April 1940.

43　'Pinups Ruin Perspective, Veteran Says', *Washington Post*, 12 March 1945.

44　'2,000 mph Flying Stiletto Readied for Advanced Tests', *United Press International*, 17 November 1953.

45　Frances Walker, 'Steel Heel Holds Up New Shoe', *Pittsburgh Post-Gazette*, 8 November 1951.

46　参见 Elizabeth Semmelhack, *Roger Vivier: Process to Perfection* (Toronto, 2012)。

47　Thomas Meehan, 'Where Did All the Women Go?', *Saturday Evening Post*, 11 September

1965, pp. 26-30.

48 'As Hemlines Go Up, Up, Up, Heels Go Down, Down, Down', *New York Times*, 27 January 1966.

49 *Women's Wear Daily*, 22 March 1968, p. 8.

50 'The Shape of Shoes', *Time*, LXXXV/15 (9 April 1965).

51 Ann Hencken, 'Men's Fashions Become Elegant During 1972', *Daily Republic*, 9 March 1972, p. 15.

52 Ibid.

53 Hollie I. West, 'A Tinseled Pimp-hero', *Washington Post*, 21 April 1973.

54 De Fen, 'Fee Waybill of The Tubes Discusses Music, Theater and the Merger of the Two', www. punkglobe. com，检索日期 2016-10-28。

55 戴维·鲍伊等一些艺术家确实试图颠覆传统的性别角色。

56 'The Monsters', *Time*, XCVI/4 (27 July 1970), p. 46.

57 Bernadine Morris, 'On Heels, There's No Firm Stand: "More Functionalminded" Stiletto Heels', *New York Times*, 8 August 1978, p. c2.

58 Gloria Emerson, 'Women Now: Your Clothes: What They Tell about Your Politics', *Vogue*, 1 September 1979, p. 300.

59 'Reagan White House Gift: "Ronald Reagan" Cowboy Boot with Presidential Seal', www. maxrambod. com，检索日期 2016-8-25。

60 E. Salholz, R. Michael, M. Starr et al., 'Too Late for Prince Charming?', *Newsweek*, CVII/22 (1986), pp. 54-57, 61.

61 'Sex and the City: Carrie Bradshaw Quotes', www. tvfanatic. com, 17 August 2010.

62 Leora Tanenbaum, 'Our Stripper Shoes, Ourselves', www. huffingtonpost. com, 25 May 2016.

63 Jennifer Finn, 'Survivor's Shoes Symbolize Distress, Despair', www. 911memorial. org, 10 July 2014.

64 'The Armadillo Shoes by Alexander McQueen: History of an Icon', www. iconicon. com, 18 May 2016.

65 Rachael Allen, 'Alexander McQueen Armadillo Shoes Bring In $295,000 at Christie's', www. footwearnews. com, 24 July 2015.

66 宾夕法尼亚大学的经济学家尼古拉·珀西科（Nicola Persico）和安德鲁·波斯特勒韦特（Andrew Postlewaite）与密歇根大学的丹·西尔弗曼（Dan Silverman）在 2004 年发表了一篇论文，指出早在青少年时期，身高就直接影响未来的收入。后来，普林斯顿大学的经济学家安妮·凯斯（Anne Case）博士和克里斯蒂娜·帕克森（Christina Paxson）博士发表论文《身高和地位：身高、能力和劳动力市场结果》，也讨论了与身高相关的优势。两篇论文都提出了与社会地位、羞耻感、营养影响和其他因素相关的微妙问题。Nicola Persico, Andrew Postlewaite and Dan Silverman, 'The Effect of Adolescent Experience on Labor Market Outcomes: The Case of Height', *Journal of Political Economy*, CXII/5 (2004), pp. 1019-1053; Anne Case and Christina Paxson, 'Stature and Status: Height, Ability, and Labor Market Outcomes', *Journal of Political Economy*, CXVI/3 (2008), pp. 499-532.

67　Joel Waldfogel, 'Tall on Intelligence', *National Post*, 14 September 2006.

68　'Uplifting Speech, Mr Sarkozy', *Daily Mail*, 10 June 2009, p. 26.

69　Katya Foreman, 'Prince, He's Got the Look', www. bbc. com, 29 September 2014. 根枝乐队（The Roots）成员奎斯特拉夫（Questlove）在《滚石》（*Rolling Stone*）杂志上向"王子"普林斯致敬时写道："我想知道 1981 年他是什么状态，他穿着儿童内裤、暖腿套和高跟鞋站在台上，却没有一首冠军单曲。"

70　Georgina Littlejohn, 'Lenny Kravitz Dresses Like an American Woman as He Strolls around New York', www. dailymail. co. uk, 24 September 2010.

71　Stacy Lambe, 'The Five Fiercest Men Dancing in Heels', www. queerty. com, 24 July 2013.

72　Alyssa Norwin, 'Bruce Jenner: His "Girl Parties" at Home and New Love of Heels', www. hollywoodlife. com, 29 April 2015.

73　'Cannes Film Festival "Turns Away Women in Flat Shoes" ', www. bbc. com, 19 May 2015. 里克特最终参加了电影节。

74　Rachael Revesz, 'Waitress Forced to Wear High Heels at Work Shares Photo of Her Bleeding Feet', www. independent. co. uk, 12 May 2016.

第四章　运动鞋：望鞋兴叹

1　本章以多伦多巴塔鞋履博物馆举办的展览 "Out of the Box: The Rise of Sneaker Culture"、随后美国艺术联盟（American Federation of Arts）赞助的巡回展览以及 Elizabeth Semmelhack 的著作 *Out of the Box: The Rise of Sneaker Culture* (New York, 2015) 为基础。

2　英国的查尔斯·麦金托什（Charles Macintosh）发明了一种布料上涂抹橡胶的方法，由此诞生了至今仍以麦金托什命名的标志性橡胶雨衣。

3　Salo Vinocur Coslovsky, 'The Rise and Decline of the Amazonian Rubber Shoe Industry: A Tale of Technology, International Trade, and Industrialization in the Early

19th Century', unpublished working paper (Cambridge, 2006), pp. 11-12.

4　L. Johnson, *The Journal of Health*, I/6 (Philadelphia, pa, 1829), p. 81.

5　"没有来得及测试树胶的性质……焦虑的投机者和热情的制造商就大胆地投身于商海中……但'泡沫'很快就破灭了，生产的商品……到 4 月变成了一堆黏糊糊的无用垃圾。温暖的天气直接让这位草率的冒险家的希望和期待都化为泡影。结果造成了恐慌……就在几个月前还前途无量的一家企业，就这样被一场飓风横扫。" William H. Richardson, ed., Book III, chap. I: 'Discovery of the Sulphurization and Vulcanization of India-rubber in America', in *The Boot and Shoe Manufacturers' Assistant and Guide: Containing a Brief History of the Trade. History of India-rubber and Gutta-percha... With an Elaborate Treatise on Tanning* (Boston, ma, 1858), p. 113.

6　'History: The Charles Goodyear Story', http://corporate.goodyear.com，检索日期 2016-11-2。

7　Thomas Hancock, *Personal Narrative of the Origin and Progress of the Caoutchouc or India-rubber Manufacture in England* (Cambridge, 2014), p. 107.

8　*Manufactures of the United States in 1860: Compiled from the Original Returns of the Eighth Census, under the Direction of the Secretary of the Interior* (Washington, DC, 1865), p. LXXVIII.

9　*Public Documents of Massachusetts*, vol. IV (1835).

10　R. Newton, ed., 'The Science of Croquet', *Gentleman's Magazine*, V/1 (London, 1868), p. 235. 令人困惑的是，这个世纪晚些时候，各式各样的女士鞋也被称为槌球鞋。

11　Nancy Rexford, *Women's Shoes in America, 1795-1930* (Kent, oh, and London, 2000)，也说橡胶套鞋被称为槌球鞋，p. 157。

12　'Lawn Tennis-Costumes for, and Customs of, the Game', *Harper's Bazaar Toronto Mail*, 28 July 1881, p. 3.

13　Ibid.

14　R. K. Munkittrick, 'My Shoes–A Cursory Glance through the Closet', *Puck*, 26 August 1885.

15　Mary Anne Everett Green, ed., 'Petitions 17. May 1, 1660', in *Calendar of State Papers, Domestic Series, of the Reign of Charles II. 1660-1661*, vol. II (London, 1860), p. 18.

16　'Tennis Courts in Brooklyn Parks', *New York Times*, 20 April 1884, p. 3.

17　Dr Tahir P. Hussain, 'Concept of Physical Education: Physical Culture: Origins', in *History, Foundation of Physical Education and Educational Psychology* (New Delhi, 2012).

18　Archibald MacLaren, 'Rules and Regulations for the Gymnasium', in *A System of Physical Education: Theoretical and Practical* (London, 1869), p. 1.

19 Moses Coit Tyler, 'Fragmentary Manhood', *The Independent...Devoted to the Consideration of Politics, Social and Economic Tendencies, History, Literature, and the Arts*, 18 November 1869.

20 Josiah Flynt, 'Club Life among Outcasts', *Harper's New Monthly Magazine*, XC/539 (1894), p. 716.

21 'Sporting Shoes: Tennis Shoes', in *Shoe and Leather Reporter*, XLIII (New York, Boston, Philadelphia and Chicago, 1887), p. 683.

22 Frederick William Robinson, *Female Life in Prison*, vol. I (London, 1862), p. 209.

23 James Greenwood, 'Christmas in Limbo', in *In Strange Company: Being the Experiences of a Roving Correspondent* (London, 1863), p. 321.

24 ' "Sandbagging" in Chicago', *Barnstable Patriot*, 8 February 1887.

25 'Guyer's Shoe Store', *Sacred Heart Review*, 5 August 1895.

26 James Naismith, 'The Need of a New Game', in *Basketball: Its Origin and Development* (Lincoln, NB, and London, 1941), p. 29.

27 'Active Woman's Game: Basket-ball the Rage for Society's Buds and Matrons. Line-up of Opposing Teams at the Berkeley Ladies Athletic Club. Young Matrons Play Against Unmarried Girls, who Wear White Blouses–Keeping the Ball in Motion–Mrs. Astor One of the Captains–Hard Work for the Forwards–Play that Reduces Flesh. Qualities of the Game. Women Who Throw Straight. The Underhand Toss', *Washington Post*, 12 January 1896, p. 22. The all-female Smith College student body embraced the game. *The Washington Post* even claimed basketball was invented by college girls.

28 'Girls Play Basket Ball: How the Game Looks to One Seeing It for the First Time', *New York Times*, 14 May 1896, p. 27.

29 C. Gilbert Percival, 'Basket Ball for Women', *Health*, LVII/5 (1907), p. 294.

30 James Naismith, 'The Uniforms', in *Basketball: Its Origins and Development* (Lincoln, nb, and London, 1941), p. 90.

31 'A Plea for Sports', *Telegraph Herald*, 24 June 1917.

32 'National Disgrace, Says Senator Wadsworth', *Physical Culture Magazine*, XXVIII/4 (1917).

33 'Find No Sure Guide to Women's Weight: Reduction Methods Discussed by Physicians in Seeking Proper Health Scale', *New York Times*, 23 February 1926.

34 'Sure-footed We Stand', *Vogue*, 15 July 1927, p. 69.

35 'Barefoot Bathers Warned of Flat Feet: Girls in High Heeled Pumps Have the Right Idea, Say Doctors–Advise Standing Pigeon-toed', *New York Times*, 16 July 1922, p. E6.

36 'The Business World: Good Sales in Rubber Footwear', *New York Times*, 10 August 1923.

37 'Rubber-soled Footgear: All Classes of French Take More to Shoes of This Type', *New York Times*, 11 November 1923.

38 *Shoe and Boot Recorder*, 14 April 1934, p. 24.

39 Adidas archive, conversations with the author, 2014.

40 Adolf Hitler, *Mein Kampf*, trans. James Murphy (London, 1939), p. 418.

41 DeWitt MacKenzie, 'Fitness Becomes State Objective: Interesting Conditions Grow Out of Upheaval in Europe and Orient', *Kentucky New Era*, 20 July 1939.

42 'Women and Sport: Physical Culture in Europe. News from Many Centres', *The Age*, 27 December 1935.

43 'Heritage: Episode 02, Bata's Golden Age', www.bata.com，检索日期 2016-11-1. 另见 'Bata World News: Bata Tennis: An Old Favorite from Bata India is Launched Worldwide' [2014], www.bata.com，检索日期 2016-11-1：“1933 年，巴塔开始在印度生产运动鞋。1934 年，巴塔在加尔各答附近开设了巴塔伽尔（Batanagar）工厂，以实现托马斯·巴塔（Tomas Bata）为人类制鞋的愿望。两年后，巴塔网球鞋首次在印度生产，供印度学生穿着去上体育课。”

44 'Rubber in the Military', *Milwaukee Journal*, 1 February 1942.

45 Stephen L. Harp, *A World History of Rubber: Empire, Industry, and the Everyday* (Chichester, 2016), p. 103.

46 *The Billboard*, LVI/9 (1944), p. 10.

47 Harp, *A World History of Rubber*, p. 103 (Buna); D. C. Blackley, *Synthetic Rubbers: Their Chemistry and Technology* (London and New York, 2012), p. 20 (Neoprene).

48 Harp, A World History of Rubber, p. 105. See also 'Here Are Chief Facts and Figures About Rubber', *Milwaukee Journal*, 1 February 1942.

49 'Something Afoot', *Globe and Mail*, 13 May 1978.

50 Melvyn P. Cheskin, Kel J. Sherkin and Barry T. Bates, *The Complete Handbook of Athletic Footwear* (New York, 1987), p. 16.

51 Jack Anderson, 'Some Insight on the Flabby American', *Nevada Daily Mail*, 12 April 1973, p. 4.

52 Lara O'Reilly, '11 Things Hardly Anyone Knows About Nike', www. businessinsider. com, 4 November 2014.

53 应该指出的是，戴维森在 1983 年得到了菲尔·奈特为了表示感谢赠送的数额不详的耐克股票。参见 'Origin of the Swoosh' at https://web.archive. org/web/20071023034940/ http://www.nike.com/nikebiz/nikebiz.jhtml?page=5&item=origin。

54　'Something Afoot'.

55　'Everything You've Ever Wanted To Know about Running, Tennis Gadgetry and Sneakers', *Battle Creek Enquirer*, 14 May 1978, p. 35.

56　Dave Barry, 'Sneaker Plague Threatens to Sap the Strength of This Great Nation', *Bangor Daily News*, 25 January 1991, p. 155.

57　Christopher B. Doob, *The Anatomy of Competition in Sports: The Struggle for Success in Major U.S. Professional Leagues* (Lanham, md, 2015), p. 99.

58　查克·泰勒是美国篮球教练。罗伯特·海利特是法国网球运动员。杰克·珀塞尔代表加拿大打羽毛球。

59　Bobbito Garcia, *Where'd You Get Those? New York City's Sneaker Culture*, 1960-1987 (New York, 2003), p. 12.

60　Andrew Pollack, 'Case Study: A Onetime Highflier; Nike Struggles to Hit Its Stride Again', *New York Times*, 19 May 1985.

61　Ibid.

62　Ibid.

63　有些人提出，乔丹因为穿着耐克的 Nike Air Ship High 被禁赛，他确实是短时间穿过这一款球鞋，但是美国职业篮球协会还是明确禁止了 Air Jordan 品牌，他们寄给耐克公司的信中说过这一点，这封信保存在耐克档案中。耐克档案馆（Nike Archive），与作者的通信，2015 年。

64　在更早些时候，这个词就用来指纯白色 Pro-Keds 帆布鞋。

65　有人说，创作这首歌部分是为了反驳社会活动家杰拉尔德·迪斯（Gerald Deas）博士创作的说唱歌曲《重罪犯鞋》（*Felon Shoes*）。迪斯博士把无带运动鞋跟堕落联系在一起，建议年轻黑人男子系紧鞋带，"内心树立目标，埋头苦干，生活就会取得成功"。

66　*International Directory of Company Histories*, V/18 (Farmington Hills, MI, 1997), p. 266.

67　Nathan Cobb, 'Hey, Check It Out–Soles with Soul', www. highbeam. com, 18 December 1988.

68　Semmelhack, *Out of the Box*, p. 162.

69　Bill Brubaker, 'Had to Be the Shoe: An Explosion of Sole', *Washington Post*, 15 August 1991.

70　Rick Telander, 'Your Sneakers or Your Life', *Sports Illustrated*, 14 May 1990, pp. 36-38, 43-49.

71 Ira Brekow, 'Sports of the Times; The Murders Over the Sneakers', *New York Times*, 14 May 1990.

72 Les Payne, 'Black Superstars Get Dunked for Nothing', *Newsday*, 2 September 1990, p. 11.

73 Jane Rinzler Buckingham, 'Trend Watch: Skip Casual: Dress Up to Stand Out', *Ocala Star-Banner*, 11 July 2001.

74 'Dress for Success with Sneakers? Not Her', *Pittsburgh Post-Gazette*, 27 August 1983, p. 17.

75 Oliver Franklin-Wallis, 'Personal Style: LeBron James', *Gentleman's Quarterly*, 14 November 2012.

76 'Raf Simons: About', www. rafsimons. com, 检索日期 2016-11-1。

77 Katie Abel, 'FN Home: Influencers: Power Players: Red State: Q&A With Christian Louboutin', *Footwear News*, 19 November 2012.

78 'Hey Nike, Women Like Trainers Too', www.wonderlandmagazine.com, 5 August 2013.

79 Imogen Fox, 'How 2015 Was the Year the Stan Smith Went Mass', *The Guardian*, 22 December 2015.

80 Dennis Green, 'A Tennis Shoe from 1963 Has Suddenly Taken the Fashion World by Surprise', *Business Insider*, 26 July 2015.

81 'Is Rap Music Here to Stay?', *Jet*, 17 August 1998, p. 59.

82 更多信息参见 'The Rubber Terror', www.takingthelane.com, 25 October 2011, and Andre C. James, 'The Butcher of Congo: King Leopold II of Belgium', www.digitaljournal. com, 4 April 2011。另见 Juan Velez-Ocampo, Carolina Herrera-Cano and Maria Alejandra Gonzalez-Perez, 'The Peruvian Amazon Company's Death: The Jungle Devoured Them', in *Dead Firms: Causes and Effects of Cross-border Corporate Insolvency*, ed. Miguel M. Torres, Virginia Cathro and Maria Alejandra Gonzalez-Perez (Bingley, West Yorkshire, 2016), pp. 35-46。

83 Art Buchwald, 'Mister Robots', *Ellensburg Daily Record*, 25 April 1983, p. 4.

84 'Reboot: Adidas to Make Shoes in Germany Again–But Using Robots', *The Guardian*, 25 May 2016.

85 'The Shoe Waste Epidemic', www. usagainblog. com, 17 May 2013.

86 Suzanne Goldenberg, 'Running Shoes Leave Large Carbon Footprint, Study Shows', *The Guardian*, 23 May 2013.

87 'Shoemaker Settles Mercury Suit', *Eugene Register-Guard*, 14 July 1994.

88 'Nike Engineers Knit for Performance', http://news.nike.com, 21 February 2012.

结　论

1　Barbara Brotman, 'Sole Sisters Possessed, Obsessed and Completely Infatuated with Footwear', *Chicago Tribune*, 19 May 1999.

2　See Giorgio Riello, *A Foot in the Past: Consumers, Producers and Footwear in the Long Eighteenth Century* (Oxford, 2006).

3　James Madison Edmunds, 'Introduction', in Edmunds, *Manufactures of the United States in 1860; Compiled from the Original Returns of the Eighth Census, under the Direction of the Secretary of the Interior* (Washington, dc, 1865), p. lxxi.

4　Ibid.

5　Howard Zinn, 'The Lynn Shoe Strike, 1860', in *A People's History of the United States*, www.libcom.org, 9 September 2006.

6　所谓的沿条工艺，是把鞋帮钉在鞋楦上后，再把一跟称为沿条的细长皮革条沿着帮脚（lasting margin）和中底缝好，然后再把鞋底缝合到沿条上。

7　Fred A. Gannon, *Shoe Making, Old and New* (Salem, ma, 1911), p. 36.

8　T. S. Taylor, 'Thirteen Remarkable Events: 7. First Great Exhibition', in *First Principles of English History: 1850-1879* (London, 1880), p. 117.

9　'Searching Out for Trade', *Shoe and Leather Reporter*, 2 March 1893, p. 541.

10　请注意，除了靴子之外，还有手套，目前都收藏在多伦多巴塔鞋履博物馆。

11　'Old Clothes Fad', *Lewiston Evening Journal*, 4 January 1904, p. 8.

12　'Fashion: A Modern Compatriot of Trilby', *Vogue*, 15 September 1920, p. 70.

13　他私下捐赠给巴塔鞋履博物馆多双扬托尔尼鞋，与作者进行过对话。关于他的面包和饮食的讨论，参见 'Pierre Yantorny, Bootmaker, Dead', *New York Times*, 15 December 1936, p. 25。

14　Baron de Meyer, 'The Pursuit of Elegance', *Vogue*, 15 November 1915, p. 51.

15　'Fashion Adds Half a Cubit to Our Stature', *Vogue*, 1 October 1915, p. 44.

16　The Fine Art of Cobbling', *Vogue*, 1 January 1914, p. 70.

17　Hugh Brewster, 'To the Lifeboats', in Brewster, *Gilded Lives, Fatal Voyage: The Titanic's First-class Passengers and Their World* (New York, 2012), chap. 13, n. 17.

18　'Fashion: A Modern Compatriot of Trilby', *Vogue*, 15 September 1920, p. 70.

19　De Meyer, 'The Pursuit of Elegance', *Vogue*, 15 November 1915, p. 51.

20　'Fancier Footwear to Rule This Year: Manufacturers Include Lizard and Alligator Effects in Their Style Program', *New York Times*, 16 January 1924, p. 24.

21　佚名时尚作家，'Whole Wardrobe Scheme Is Dependent on Shoe'，来源和日期不详。

22   'Men's Shoes', *Washington Post*, 9 October 1927, p. S1.

23   Clinton W. Bennett, 'A Cost Plan for the Women's Shoe Industry', *National Association of Cost Accountants Bulletin*, XVI/12 (1935), p. 677.

24   'Shoes Are Bought in "Fast Fashions": Volume Buyers Book Orders for August Deliveries at Boston Fair', *New York Times*, 8 June 1939, p. 34.

25   'Spring Styles Ready for Action', *Shoe and Boot Recorder*, 17 January 1942, p. 17.

26   Bill Lawrence, 'Nazi Mass Killing Laid Bare in Camp: Victims Put at 1,500,000 in Huge Death Factory of Gas Chambers and Crematories', *New York Times*, 30 August 1944, p. 1.

27   Jonathan Frater, 'The Shoe Room, and What I Learned There: A Visit to the u.s. Holocaust Museum', www.roguescholar.blogs.com, 9 August 2011.

28   Greg Donaldson, 'For Joggers and Muggers, the Trendy Sneaker', *New York Times*, 7 July 1979.

29   Michele Ingrassia, 'Fashion Shoes for Imelda Laid Heel to Heel, the 3,000 Pairs of Shoes She Left Behind Would Stretch for More Than a Mile', *Newsday*, 1 April 1986, p. 3.

30   Rita Reif, 'They Won't Fit Your Foot, They Wear Well', *New York Times*, 10 December 2000, p. 40.

31   Ibid.

32   'High-heel Shoes Banned in Saudi', *Irish Times*, 18 March 1996.

33   John-John Williams, 'If the Shoe Fits: Avid Sneaker Fans Prove Collecting Shoes Is No Longer a Woman's Game', *Baltimore Sun*, 31 March 2011, p. C1.

34   Ibid.

35   Ibid.

36   Tansy Hoskins, 'Robot Factories Could Threaten Jobs of Millions of Garment Workers', www. theguardian. com, 16 July 2016.

致　谢

　　首先，我要感谢瑞科图书（Reaktion Books）的编辑主任维维安·康斯坦丁诺普勒斯（Vivian Constantinopoulos）。她耐心善良，建议中肯，尽职尽责，使成书过程充满乐趣，我在此深表谢意。我还要感谢瑞科图书的编辑杰西·钱德勒（Jess Chandler），她提的问题思路清晰，给的建议恰到好处，使最终的校订易如反掌。我要感谢苏菲·库尔曼（Sophie Kullmann）出色的版面设计，还要感谢西蒙·麦克法登（Simon McFadden）设计的精美封面。

　　我要感谢巴塔鞋履博物馆的创始人兼董事会主席索尼娅·巴塔（Sonja Bata）女士。我感谢她选择我担任博物馆的高级研究馆员，允许我在研究鞋履历史的道路上悠然漫步。她收藏的超过1.3万件与鞋有关的艺术品，每天都在激励着我，其中的许多件都在本书中发挥了重要作用。我非常感谢博物馆允许我使用那么多馆藏物品的图片。

　　我还要感谢我在巴塔鞋履博物馆的优秀同事。在此特别感谢的同事是：巴塔鞋履博物馆馆长埃马努埃莱·莱普里（Emanuele Lepri）博士，他一直鼓励我实现写这本书的愿望；助理研究馆员尼什·巴锡（Nishi Bassi）耐心地读完了每一章，她通过评点给予了我鼓励；收藏品经理苏珊娜·彼得森（Suzanne Peterson）管理着博物馆的图片使用权，她自己也拍了许多很棒的照片，并有多张出现在本书中，为之增光添色；还要感谢管理员埃达·霍普金斯（Ada Hopkins），她的勤奋和细心让博物馆的藏品保存得尽善尽美。另外，非常感谢我们的顶尖摄影师罗恩·伍德（Ron Wood），他拍摄的巴塔鞋履博物馆藏品的惊艳照片，成为本书的一大亮点。

此外，我还要感谢为本书慷慨提供图片的其他人和有关机构。我向下列人员的热心合作和慷慨相助表示衷心感谢：北安普敦博物馆和美术馆（Northampton Museum and Art Gallery）的高级鞋履研究员丽贝卡·肖克罗斯（Rebecca Shawcross）；阿迪达斯档案馆（Adidas Archive）的藏品经理马丁·赫德（Martin Herde）；匡威档案管理员山姆·斯马里奇（Sam Smallidge）；耐克档案馆（Nike Archive）的案卷经理克里斯蒂·凯弗（Kristi Keifer）；彪马的詹妮弗·施密特（Jennifer Schmidt）；鞋标博物馆（Shoe Icons）的收藏家纳济姆·穆斯塔法耶夫（Nazim Mustafaev）；以及芬兰的汤姆基金会（Tom of Finland Foundation）的马克·兰斯德尔（Marc Ransdell）。同样，我还要感谢来自《球鞋上瘾症》（*Obsessive Sneaker Disorder*）节目的迪伊·韦尔斯（Dee Wells）提供的精彩照片，感谢运动鞋博物馆（Sneaker Museum）的里克·科索（Rick Kosow）同意在一幅照片中出镜。还要感谢马扬·拉金德兰（Mayan Rajendran）和罗斯·麦金太尔（Ross McIntyre），他们接到通知后欣然同意马上拍一些急需的镜头。也非常感谢汤姆·萨克斯（Tom Sachs）和达瑞尔·麦克丹尼尔斯（Darryl McDaniels）慷慨相助。

衷心感谢我长期受苦的婆婆兼编辑琳达·比恩（Linda Bien），感谢她对本书前后诸多版本的有见地的评论和订正。她有能力也愿意反复阅读我的作品，的确令人称奇，令人欣赏。同样，我也要感谢丈夫丹尼尔，他能够毫无怨言地反复斟酌同一本书，愿意就历史和鞋子的社会意义进行没完没了的对话，每次都能提出新的见解和值得思考的观点。我的孩子本杰明（Benjamin）和伊莎贝尔（Isabelle）敏锐而独特的智慧也同样提供了许多新的视角，供我在写作本书时思考。我还要感谢我最亲密的朋友：詹妮弗·塞奇·霍姆斯（Jennifer Sage Holmes）博士，她和我一生的友谊一直而且也将永远让我的生活充满欢笑和安慰；索尼娅·塔纳泽夫蒂–达门（Sonia Tanazefti–Dahmen）犹如天使降临，她仪态优雅，能言善辩，总能给我以鼓舞；还有艾莉森·马

修斯·戴维（Alison Matthews David）博士，曾经和我一起度过了很多愉快的
时光，以研究和讨论时尚和鞋履。

最后，我要感谢我的父母。最近，我们翻阅母亲保存的旧报纸，发现了
一张我三岁时的圣诞礼物清单。上面只是写着"多买一些"。显然，我当时
已经在享受生活了，但是并不懂得父母在未来的岁月里将会为我付出多少。
他们让我的生活充满了爱、鼓励和支持。他们以身作则。他们毕生都怀有梦想，
敢于挑战，相信人应该走自己的道路，这也是我写作本书的动力所在。

参考书目

Agnelli, Cosmo, *Amorevole aviso circa gli abusi delle donne vane* (Bologna, 1592)

Anderson, Ruth Matilda, 'El chapin y otros zapatos afines', *Cuadernos de la Alhambra*, 5 (1969), pp. 17-41

—, *Hispanic Costume, 1480-1530* (New York, 1979)

Arnold, Janet, *Queen Elizabeth's Wardrobe Unlock'd* (Leeds, 1988)

Blackley, D. C., *Synthetic Rubbers: Their Chemistry and Technology* (London and New York, 2012)

Brackman, Barbara, *Hyer, Justin, and the Origin of the Cowboy Boot* (Topeka, KS, 1995)

Breward, Christopher, 'Men in Heels: From Power to Perversity', in *Shoes: Pleasure and Pain*, ed. Helen Persson (London, 2015)

Brewster, Hugh, 'To the Lifeboats', in *Gilded Lives, Fatal Voyage: The Titanic's First-class Passengers and Their World* (New York, 2012)

Brown, Tony, and Thomas N. Corns, *Edward Carpenter and Late Victorian Radicalism* (Abingdon-on-Thames, Oxon, 2013)

Canby, Sheila R., *Shah Abbas: The Remaking of Iran* (London, 2009)

Carpenter, Edward, 'Simplification of Life', in *England's Ideal, and Other Papers on Social Subjects* (London, 1887)

Case, Anne, and Christina Paxson, 'Stature and Status: Height, Ability, and Labor Market Outcomes', *Journal of Political Economy*, CXVI/3 (2008), pp. 499-532

Cheskin, Melvyn P., Kel J. Sherkin and Barry T. Bates, *The Complete Handbook of Athletic Footwear* (New York, 1987)

Coslovsky, Salo Vinocur, 'The Rise and Decline of the Amazonian Rubber Shoe Industry:

A Tale of Technology, International Trade, and Industrialization in the Early 19th Century', unpublished working paper (Cambridge, 2006)

Cramer, Jeffery S., *I to Myself: An Annotated Selection from the Journal of Henry D. Thoreau* (New Haven, CT, 2007)

'Cross-saddle Riding for Women', *Physical Education*, iii/2, ed. James Naismith and Luther Halsey Gulick (Springfield, MA, 1894)

Curta, Florin, *The Earliest Avarage Stirrups, Or the 'Stirrup Controversy' Revisited* (Leiden, Boston, MA, and Tokyo, 2007)

David, Alison Matthews, 'War and Wellingtons: Military Footwear in the Age of Empire', in *Shoes: A History from Sandals to Sneakers*, ed. Giorgio Riello and Peter McNeil (London and New York, 2006)

Dekker, Thomas, 'Apishnesse: Or the Fift Dayes Triumph', in *The Seven Deadly Sins of London, Drawn in Seven Several Coaches, Through the Seven Several Gates of the City; Bringing the Plague with Them*, ed. Edward Arber (London, 1606/1879)

Devlin, James Dacres, *Critica Crispiana; or, The Boots and Shoes, British and Foreign, of the Great Exhibition* (London, 1852)

Doob, Christopher B., *The Anatomy of Competition in Sports: The Struggle for Success in Major u.s. Professional Leagues* (Lanham, md, 2015)

Drake, Judith, and Mary Astell, *An Essay in Defence of the Female Sex: In Which are Inserted the Characters of a Pedant, a Squire, a Beau, a Vertuoso, a Poetaster, a City-critick, &c.: In a Letter to a Lady* (London, 1696)

Dubois, Edward (pseud.), *Fashionable Biography; or, Specimens of Public Characters by a Connoisseur* (London, 1808)

Dunaway, Wilma A., *The African-American Family in Slavery and Emancipation* (Cambridge, 2003)

Dunlap, Knight, *Personal Beauty and Racial Betterment* (St Louis, MO, 1920)

Edmunds, James Madison, 'Introduction', in *Manufactures of the United States in 1860; Compiled from the Original Returns of the Eighth Census, under the Direction of the Secretary of the Interior* (Washington, DC, 1865)

Evelyn, John, *The Diary of John Evelyn* (Woodbridge, Suffolk, 2004)

Fairholt, Frederick William, *Costume in England: A History of Dress from the Earliest Period until the Close of the Eighteenth Century* (London, 1860)

Faotto, Gabriella Giuriato, *L'arte dei calegheri e dei zavateri di Venezia dal Medioevo ad oggi:*

due importanti epigrafi in piazza San Marco (Venice, 1999)

Ferragamo, Savaltore, *Shoemaker of Dreams: The Autobiography of Salvatore Ferragamo* (Florence, 1985)

Ferrier, R. W., 'The European Diplomacy of Shāh Abbās i and the First Persian Embassy to England', *Iran*, XI (1973), pp. 75-92

—, 'The First English Guide Book to Persia: A Discription of the Persian Monarchy', *Iran*, XV (1977), pp. 75-88

—, 'The Terms and Conditions Under Which English Trade Was Transacted with Safavid Persia', *Bulletin of the School of Oriental and African Studies, University of London*, XLIX/1 (1986), pp. 48-66

Garcia, Bobbito, *Where'd You Get Those? New York City's Sneaker Culture, 1960-1987* (New York, 2003)

Gerling, C. J., *Short Stature and Height Increase* (New York, 1939)

Green, Mary Anne Everett, ed., 'Petitions 17. May 1, 1660', in *Calendar of State Papers, Domestic Series, of the Reign of Charles II, 1660-1661*, vol. II (London, 1860)

Griebel, Helen Bradley, 'New Raiments of Self: African American Clothing in the Antebellum South', dissertation, University of Pennsylvania (1994)

Hancock, Thomas, *Personal Narrative of the Origin and Progress of the Caoutchouc, or India-rubber Manufacture in England* (Cambridge, 2014)

Harp, Stephen L., *A World History of Rubber: Empire, Industry, and the Everyday* (Chichester, 2016)

Hayes, Bill, *Hell on Wheels: An Illustrated History of Outlaw Motorcycle Clubs* (Minneapolis, MN, 2014)

Hazard, Blanche E., *The Organization of the Boot and Shoe Industry in Massachusetts before 1875* [1921] (reprint, New York, 1969)

Hic Mulier; or, The Man-woman: Being a Medicine to Cure the Coltish Disease of the Staggers in the Masculine-feminines of Our Times. Exprest in a Briefe Declamation (London, 1620)

Hill, Georgiana, *A History of English Dress from the Saxon Period to the Present Day* (New York, 1893)

Hussain, Dr Tahir P., 'Concept of Physical Education: Physical Culture: Origins', in *History, Foundation of Physical Education and Educational Psychology* (New Delhi, 2012)

International Directory of Company Histories, vol. xviii (Farmington Hills, MI, 1997)

Jacoby, David, 'Silk Economics and Cross-cultural Artistic Interaction: Byzantium, the Muslim

World, and the Christian West', *Dumbarton Oaks Papers*, LVIII (2004), pp. 197-240

Jirousek, Charlotte, 'Ottoman Influences in Western Dress', in *Ottoman Costumes: From Textile to Identity*, ed. Suraiya Faroqhi and Christoph K. Neumann (Istanbul, 2004)

Jones, Ann Rosalind, and Peter Stallybrass, *Renaissance Clothing and the Materials of Memory* (Cambridge, 2000)

Knolles, Richard., *The Generall Historie of the Turkes, from the First Beginning of That Nation to the Rising of the Othoman Familie: With All the Notable Expeditions of the Christian Princes against Them: Together with the Lives and Conquests of the Othoman Kings and Emperours unto the Yeare 1610* (London, 1610)

Krafft-Ebing, Richard, *Psychopathia Sexualis* (Philadelphia, PA, and London, 1894)

Kuchta, David, *The Three-piece Suit and Modern Masculinity: England, 1550-1850* (Berkeley and Los Angeles, CA, 2002)

Lincoln, Margarette, *British Pirates and Society, 1680-1730* (London and New York, 2014)

Mandeville, Bernard, *The Virgin Unmasked; or, Female Dialogues, betwixt an Elderly Maiden Lady and Her Niece on Several Diverting Discourses* (London, 1724)

Manufactures of the United States in 1860: Compiled from the Original Returns of the Eighth Census, under the Direction of the Secretary of the Interior (Washington, DC, 1865)

Matthee, Rudolph P., 'Between Venice and Surat: The Trade in Gold in Late Safavid Iran', *Modern Asian Studies*, XXXIV/1 (February 2000), pp. 223-55

—, *The Politics of Trade in Safavid Iran: Silk for Silver, 1600-1730* (Cambridge, 1999)

Middleton, Thomas, 'Father Hubburd's Tales 1604', in *Life in Shakespeare's England*, ed. John Dover Wilson (Cambridge, 1920)

Montez, Lola, *The Arts of Beauty; or, Secrets of a Lady's Toilet* (New York, 1858)

Morrow, Katherine Dohan, *Greek Footwear and the Dating of Sculpture* (Madison, WI, 1985)

Naismith, James, *Basketball: Its Origin and Development* (Lincoln, ne, and London, 1941)

Orwell, George, *The Road to Wigan Pier* (London, 1937)

Perrault, Charles, *Cinderella, and Other Tales from Perrault* (New York, 1989)

Persico, Nicola, Andrew Postlewaite and Dan Silverman, 'The Effect of Adolescent Experience on Labor Market Outcomes: The Case of Height', *Journal of Political Economy*, CXII/5 (2004), pp. 1019-53

Popenoe, Paul, *Applied Eugenics* (New York, 1920)

Ralph, Julian, *Our Great West: A Study of the Present Conditions and Future Possibilities of the New Commonwealths and Capitals of the United States* (Chicago, IL, 1893)

Remarque, Erich Maria, *All Quiet on the Western Front* (New York, 1930)

Rexford, Nancy E., *Women's Shoes in America, 1795-1930* (Kent, OH, and London, 2000)

Ribeiro, Aileen, *Dress in 18th-century Europe, 1715-1789* (New Haven, CT, and London, 2002)

—, *Fashion and Fiction: Dress in Art and Literature in Stuart England* (New Haven, CT, 2006)

Richardson, William H., ed., 'Discovery of the Sulphurization and Vulcanization of India-rubber in America', in *The Boot and Shoe Manufacturers' Assistant and Guide: Containing a Brief History of the Trade. History of India-rubber and Guttapercha... With an Elaborate Treatise on Tanning* (Boston, MA, 1858)

Richter, Gisela M. A., 'Greeks in Persia', *American Journal of Archaeology*, L/1 (1946), pp. 15-30

Riefstahl, R. M., 'A Persian Figural Velvet of the Shah Abbas Period', *Bulletin of the Art Institute of Chicago*, XIX/1 (January 1925), pp. 1-5

Riello, Giorgio, *A Foot in the Past: Consumers, Producers and Footwear in the Long Eighteenth Century* (Oxford, 2006)

—, and Peter McNeil, eds., *Shoes: A History from Sandals to Sneakers* (London and New York, 2006)

Robinson, Frederick William, *Female Life in Prison*, vol. I (London, 1862)

Semmelhack, Elizabeth, 'A Delicate Balance: Women, Power and High Heels', in *Shoes: A History from Sandals to Sneakers,* ed. Giorgio Riello and Peter McNeil (Oxford and New York, 2006)

—, *Icons of Elegance: The Most Influential Shoe Designers of the 20th Century* (Toronto, 2005)

—, *On a Pedestal: Renaissance Chopines to Baroque Heels* (Toronto, 2005)

—, *Out of the Box: The Rise of Sneaker Culture* (New York, 2015)

—, *Roger Vivier: Process to Perfection* (Toronto, 2012)

—, *Standing Tall: The Curious History of Men in Heels* (Toronto, 2016)

Stanfield, Peter, *Horse Opera: The Strange History of the 1930s Singing Cowboy* (Urbana and Chicago, IL, 2002)

Swann, June, *History of Footwear: In Norway, Sweden and Finland Prehistory to 1950* (Stockholm, 2001)

—, *Shoes* (London, 1983)

Taylor, T. S., *First Principles of English History, 1850-1879* (London, 1880)

Tosh, John, 'Gentlemanly Politeness and Manly Simplicity in Victorian England', in *Transactions of the Royal Historical Society*, vol. XII (2002), pp. 455-72

Van Driel-Murray, Carol, 'Vindolanda and the Dating of Roman Footwear', *Britannia*, XXXII

(2001), pp. 185-97

Veldmeijer, André J., and Alan J. Clapham, *Tutankhamun's Footwear: Studies of Ancient Egyptian Footwear* (Leiden, 2010)

Velez-Ocampo, Juan, Carolina Herrera-Cano and Maria Alejandra Gonzalez Perez, 'The Peruvian Amazon Company's Death: The Jungle Devoured Them', in *Dead Firms: Causes and Effects of Cross-border Corporate Insolvency*, ed. Miguel M. Torres, Virginia Cathro and Maria Alejandra Gonzalez-Perez (Bingley, West Yorkshire, 2016)

The Whole Art of Dress! or, The Road to Elegance and Fashion at the Enormous Saving of Thirty Per Cent!!! Being a Treatise upon That Essential and Much cultivated Requisite of the Present Day, Gentlemen's Costume; ... by a Cavalry Officer (London, 1830)

Wingate, George Wood, *Through the Yellowstone Park on Horseback* (New York, 1886)